CHU

CN

中国传统博物学研究文丛

主编 罗桂环

鹑之奔奔

中国古代
鹌鹑文化史

◎ 冷玥 著

*
*
*
*

广西科学技术出版社

丛书序

　　当今世界，生物多样性的保护日益受到重视，博物学在中国社会中得到空前关注。作为生物中的成员之一，人类不能脱离自然界中的动植物生存。"民以食为天"，故中国古人用"社稷"指代国家。疗病养生仰赖草根树皮，古人因称药物为"本草"。更有文人学者"宁可食无肉，不可居无竹"；流连于"采菊东篱下"的家园。显然，人们对动植物充满兴趣，不断探索，确属自然属性、生存所需。它亦为中国古代"格物致知"，进而"治国平天下"的重要动力。

　　儒家宗师孔夫子训导弟子"多识于鸟兽草木之名"。受其影响，后世学者不但编出了包含笺释大量动植物的《诗疏》和《尔雅》及其注疏，为"多识不惑"开道。更有众多官员，纷纷记下各地的"异物志""草物状"，和各类动植物谱录，增广博闻，以宏民用。重视动植物生长规律和形态辨别的本草著作，探求物理，发展卫生仁术，历来深受社会各界重视，内容不断丰富充实，为民族繁荣提供保障。上述博物学著述源远流长，自成体系，却又相互促进，皆以"正德、利用、厚生、惟和"为依归。诚如先哲所云："资藉既厚，研求遂精。"体现了前人在适应自然、生存发展、促进文明进步方面的杰出智慧。

　　为了更好地传承古代博物学遗产，弘扬优秀传统生态文化，广西科学技术出版社组织出版了"中国传统博物学研究文丛"，为祖国的持续发展，"收千世之慧业，积古今之巧思"，学术眼光之独到，令人敬佩。文丛作者大多为有志于传统博物学研究的中青年学者，他们在总结中国人与自然和谐相处、合理利用生物资源、改善生活环境方面做了较深的探索，可为今天的相关工作提供有益借鉴。故聊书缀语为之推介，是为序。

"中国传统博物学研究文丛"主编

罗桂环，中国科学院自然科学史研究所研究员，享受国务院政府特殊津贴。长期从事生物学史、环境保护史、西方在华考察史和栽培植物发展史的研究，主要著作有《中国历史时期的人口变迁与环境保护》《中国科学技术史·生物学卷》《近代西方识华生物史》《中国栽培植物源流考》等。

前言

　　古人与动物有关的趣味很多，其中斗鸡、斗蟋蟀、驯鹁鸽、斗鹌鹑算是比较有特色的玩赏之事了。前三者均已有专著论述，唯斗鹌鹑少有人关注。于是笔者便决定以科学史、博物学视角，对其展开研究，这便是本书的主要缘起。

　　一经研究，笔者惊喜地发现，一只小小的鹌鹑从诗经时代起就活跃在了人们的生活中，足以作为管窥中国传统博物学动物方面的一小扇窗口。中国传统博物学是一个庞大的体系，它涵盖了文人墨客对自然的描摹与认知，更包括了广大劳动人民在生活实践中对自然知识的积累与应用。中国传统博物学不是冰冷的自然知识，它是包含了科学知识、应用实践、情感寓意、人与自然关系认知等方面的历史的、有温度的学问。

　　就拿鹌鹑来说，从《诗经·鹑之奔奔》中被历代注经人反复解读的"经典形象"，到诗歌中或被贬斥或被赞咏的对象，抑或是绘画、雕塑中展现的自然描摹，鹌鹑不仅仅是自然环境中的一种动物，也是一种基于自然观察之上的情感、寓意等的附属物。探寻文人对鹌鹑自然形象与情感形象的变化是一件有趣且有意义的工作。古代劳动人民对鹌鹑在物候、医药、食物等方面实用价值的认知及积累；古人在斗鹌鹑这种玩乐活动中与鹌鹑朝夕相处积累的丰富的养鹑、驯鹑知识；以及在斗鹌鹑过程中对鹌鹑的细致观察、对鹌鹑的分类、对鹌鹑习性的解读、对人与鹌鹑关系的认知等，都是中国传统博物学的重要组成部分。在本书中，笔者从以上方面进行了梳理、归纳、分析与解读，既用现代生物学知识进行了一些解释和对比，更还原了历史情境下的真实样貌与发展变迁，构建了一个小小的鹌鹑博物世界。

更让笔者惊喜的是，在对斗鹌鹑进行研究的过程中，笔者发现现今北方一些农村地区依然还保留着斗鹌鹑的习俗，并且在有些地方颇受重视，不仅每年举办大型的比赛，斗鹌鹑活动还被录入当地的非物质文化遗产名录。笔者深入其中一地，以今证古，近距离观察现今的斗鹌鹑比赛，与斗鹑人交流鹌鹑的驯养知识，斗鹑的规则、口诀、用具，对斗鹌鹑活动的认识以及与驯养的鹌鹑的关系，等等。当下也是历史的一部分，通过田野调查，笔者深切地感受到了历史传承的强大力量，尽管在现今的城市，很少有人知道斗鹌鹑这种活动，但历史流传下来的活动，包括口诀、技法等不仅以文字形式（如笔者搜集到的多版"鹌鹑谱"），更多的是以口口相传的形式在农村地区继承了下来。一些关于鹌鹑的分类方法、驯养口诀以及斗鹌鹑的专用术语都几乎原封不动地继续在斗鹌鹑的人们中间使用。

在本研究的调查及本书的撰写过程中，笔者得到了罗桂环导师的大力帮助，及所调查地区村民和政府的大力支持，在此表示诚挚的感谢。同时也感谢广西科学技术出版社编辑们的用心付出，促成本书的出版。愿更多人加入关注、研究中国传统博物学的行列中来，感受中国传统博物学的博大与美妙。

目 录

003

引 言

　　研究者从来都不是与整齐划一而纯粹的自然概念对话，而是与自然和文化的关系的某种状态对话，这种状态取决于他所处的历史时期、他所属的文明以及他所掌握的物质手段。

——克劳德·列维—斯特劳斯《野性的思维》

鹌鹑在中国古人的社会生活和文化生活中都具有重要意义。中国古人很早就对野生鹌鹑进行了观察和记录,《诗经》中就有《鄘风·鹑之奔奔》一章,《尔雅·释鸟》中也有"鹑,鹌。其雄鶛,牝庳"[1]的记载。历代注经学家也对鹌鹑不断进行解读和补充。鹌鹑作为食物和药物来源之一,《礼记·内则》就有记录:"膳:⋯⋯雉、兔、鹑、鷃。"[2]《嘉祐补注神农本草》《本草衍义》《本草纲目》等本草著作中都有关于鹌鹑药用价值的记载。鹌鹑作为一种重要的物象,古人对其的描述既有准确的生物学知识,又包含了独具特色的"化生"思想。作为一种戏斗活动,斗鹑经历了一个自宋代兴起,至明清盛行,而后被政府打压的过程,特别是在明清时期还出现了多个版本的鹌鹑专谱,记载了斗鹑形态、习性、驯养方法等内容。作为一种文化象征,"悬鹑""鹑衣""鹑居"等文学表达在诗文中被广泛应用,且因"鹌"与"安"谐音,有平安之意,鹌鹑也成为绘画和雕塑的主题之一。

对鹌鹑的记载存在于中国古人多种类型的文本内,包括经书、农书、医书、类书、文学作品等,通过分析不同类型文本中对鹌鹑的描述和记载,可以窥见古人从不同角度观察和认识鹌鹑时的思维方式,由此探究零散的生物学知识的积累载体及其传播方式。

[1] 郭璞.尔雅:释鸟第19[M].上海:上海古籍出版社,2015:182.

[2] 孔颖达.礼记正义:卷28[M].上海:上海古籍出版社,1990:527.

《尔雅音图》插图（《尔雅·释鸟》"鴽，鴾母"，鴽，鹌鹑之类的小鸟）

科学史、思想史、文学史视角下的中国古代动物研究

在中国古代动物学史领域，20世纪50年代后出现了一系列以史料整理为主并辅以现代科学解读的著作，此类著作成为科学史领域动物学史研究方向的主流，如陈桢的《金鱼家化史与品种形成的因素》，周尧和邹树文的同名著作《中国昆虫学史》，郭郛、英国学者李约瑟（Joseph Needham）等合著的《中国古代动物学史》等。这些专著系统整理了《山海经》《尔雅》《诗经》《说文解字》等古代典籍中的动物所对应的现代分类学名称，并对古籍中涉及的动物学知识以分类学、生理学、遗传学、生态学等现代学科进行了分类汇总，对当代人重新认识古人的动物学知识体系有很大的帮助。但该类型的研究往往容易产生以当代人眼光看待和评价古人知识体系的倾向，不能很好地还原古人的知识体系和认知思维。

除科学史外，对中国古代动物的研究还集中在思想史与观念史领域，比较有代表性的著作如陈怀宇的《动物与中古政治宗教秩序》，其以中古时期佛教文献为主要材料，探讨了中古时期动物在政治、宗教秩序建构中所起到的作用，以及其中反映出的人类意识和政治、宗教观念；英国学者胡司德（Roel Sterckx）的《古代中国的动物与灵异》，细致分析了战国两汉时期以经书及诸子百家著作为主的重要文献，从材料的结构和性质出发，用"语境化"的方法理解其中所包含的动物知识，考察人们观察和记录的意图；但这些研究存在严重局限，即古代科技资料如医术、农书以及科学思想分析的严重缺席，这导致所反映的动物观也

具有局限性，不能完整反映古代思想的整体面貌。

此外，在文学史领域，也有许多对动物形象的研究，但该类研究大多只关注动物形象的象征意义，而涉及这些象征意义与人们的自然认识的关系的研究目前还相对较少。比较有代表性的有美国学者薛爱华（Edward Hetzel Schafer）的《朱雀：唐代的南方意象》，其涉及动物所被赋予的描述形式、象征意义以及人们的自然认识与当时的社会观念的关系；日本学者小尾郊一的《中国文学中所表现的自然与自然观》，虽然未论及动物，但也是将文学表达与自然认识结合进行研究的典例之一。

综上所述，尽管在各个相关学科领域都有一些具有代表性的中国古代动物学史研究成果，但数量相对较少，且将历史信息、文学信息、科学信息相融合的中国古代动物史研究较为欠缺，所以还需要更多学者加入进来，共同还原中国古代科学与人文兼具的历史性"动物世界"。

人类学、民俗学、生物学视角下的动物戏斗活动研究

在中国，由于"玩物丧志"的观念的深入人心，因此对于"玩物"的研究向来不被看作正统，只是近几年随着休闲文化的兴起，对古人休闲生活的研究才有兴起的迹象。在对动物戏斗活动的研究中，最有名的就是美国学者格尔兹（Clifford Geertz）对巴厘岛地区斗鸡活动所进行的人类学研究。他在《文化的解释》中指出："它（巴厘岛）的神话、艺术、仪式、社会组织、育儿方式、法律形式，甚至阴魂附体的现象都可以被微观地考察，用以追溯其难以把握的

性质，即简·贝洛所称的'巴厘人的气质'。但是，斗鸡，除了被偶然提及外，却很少受到关注，而它作为一种消耗力量的流行的使人着迷的游戏，至少与那些更著名的现象同样重要，它可以展示出一个巴厘人实际上是什么样的。如同在棒球场、高尔夫球场、跑道上或围绕一个牌桌所表现出的美国外观一样，巴厘岛的外观就在斗鸡场中。"[1]中国的动物戏斗活动也许不像巴厘岛的斗鸡活动那样，体现出那么显著的社会重要性，但也具有其自身的民族独特性，包含许多文化、科技的历史信息，毫无疑问也是值得研究的话题。

[1] 克利福德·格尔兹. 文化的解释[M].纳日碧力戈，译.上海：上海人民出版社，1999：471.

　　对于被称为"东方一绝"的金华斗牛和黔东南地区的斗牛传统，部分民俗学者不仅通过田野作业等方法对斗牛方法、过程、内涵等作了细致的考察，而且也涉及历史研究，给本书中斗鹑活动部分的研究提供了一定的参考。如20世纪初钟敬文对金华斗牛风俗的考察，不仅追溯其历史、详论其流程，而且对其文化内涵及历史起源进行了精辟的分析，并与国外斗牛活动进行对比，是该类研究的典范之一。黔东南苗族侗族自治州地方志办公室编的《黔东南斗牛文化志》，对该地区斗牛起源、文化内涵特征、传统斗牛流程驯养及禁忌、斗牛故事等进行了系统整理，对该文化的传承具有重要意义。

　　除了斗牛，中国古代还存在多种多样的动物戏斗活动，大到猛兽，小到蟋蟀，还有斗鸡、斗鱼、斗鸭、斗鹑等。在动物戏斗活动历史的研究上，目前研究最为深入的是斗蟋蟀，如白峰的《斗蟋小史》通过文本比较、以诗证史等方法对中国古代历史上的斗蟋蟀活动及蟋蟀谱随时代的变化流传情况进行了较为清晰的梳理和较为翔实的论证；另王世襄的《蟋蟀谱集成》收录了上起传世最早之本、下至1949年以前之作，共17种蟋蟀专著，并按时间排序，对其中的内容进行批注和评价。除此之外，也有一些硕博论文从不同角度切入，对古代斗蟋蟀活动加以研究。如陈天嘉等借用现代动物行为学的概念，分析和解读中国古代至民国时期蟋蟀文献；郭蔷薇分析了蟋蟀罐在斗蟋活动中的地位与作用，探讨其成因发展及人类学、社会学内涵等。

同时，也有一些学者对斗鸡这一世界广布的动物戏斗活动在中国的情况进行了研究。汪子春通过对《鸡谱》内所含科学知识的分析，一定程度上还原了中国古人对斗鸡的饲养和管理方法，但对斗鸡活动本身论述较少。美国学者高德耀（Robert Joe Cutter）用史书、文学等方面的资料来梳理中国历史上的斗鸡活动，还原中国古代社会的一个层面，正如高德耀所言，这也是"关于研究人类和自然界的关系的一次努力"，但他只是将重点放在斗鸡的人群、规模等变化上，较少涉及具体的斗鸡的方法。张兆、李建疆、郭慧、王国平等对中西方斗鸡活动的对比和斗鸡诗的研究，也多将侧重点放在斗鸡文献中的政治、社会、思想信息上，而较少结合其中的科学信息进行综合讨论。

对于较有中国特色的戏斗动物鸽子、金鱼、鹌鹑等，目前研究较少，仅有前文提到过的陈桢的《金鱼家化史与品种形成的因素》，王世襄的《北京鸽哨》及其所辑的《中国金鱼文化》总结了中国古代戏斗动物的一些情况。

就鹌鹑戏斗情况，有学者对某一历史时期休闲活动的研究涉及动物饲养与戏斗，其中就包括鹌鹑，如王风扬在

《宋人动物饲养与休闲生活》中系统梳理了宋代家居类、观赏类、戏斗类、园林类等各类休闲动物的情况，其中第四章中涉及的戏斗类动物，包括蟋蟀、鸡、鱼、鹌鹑等。同时还有一些硕博论文就历史时期的休闲文化整体状况或休闲文化主要人群进行了研究，如杜斐就两宋期间"擎鹰、架鹞、调鹁鸽、斗鹌鹑、斗鸡、赌扑落生之类"的主要人群——"闲人"进行了研究；章辉整体分析了南宋时期的休闲氛围、设施、活动等。具体到斗鹌鹑，黄健《明清时期斗鹌鹑风俗探析》、王赛时《古代的斗鹌鹑》、向明月《斗鸭与斗鹌鹑》等对其源于唐代、兴起于宋代、鼎盛于明清的情况进行了大致梳理；张帆《陈石麟[1]与〈鹌鹑谱〉》、肖克之《〈鹌鹑论〉考》对流传的清代鹌鹑谱录进行了大致分析，但都较为粗略。

综上所述，关于中国古代戏斗动物的研究总体偏向于人类学和社会学的范畴，而对其中的科学信息关注不足，尤其对于一些中国古代特色的戏斗动物还需进一步研究。

中国鹌鹑驯养情况

鹌鹑，一般为鹌鹑属的统称，英文名 Quail，学名 *Coturnix*。按照《中国动物志》所采用的分类体系，鹌鹑属于动物界脊索动物门鸟纲鸡形目雉科，世界上有六个种，中国有两个种，分别为鹌鹑（*Coturnix coturnix*）和蓝胸鹑（*Coturnix chinensis*）。其中，鹌鹑别名赤喉鹑、红面鹌鹑，现繁殖在我国新疆及东北地区，迁徙时遍布全国，在国外分布于亚洲、非洲、欧洲；其下又有两个亚种：指名亚种（*Coturnix coturnix coturnix*）和普通亚种（*Coturnix coturnix*

---

[1] 这个名称有误。经研究"陈石麟"应为"程石邻"。

japonica）。[1]蓝胸鹑体型及翅长均小于鹌鹑，现分布于我国云南东南部以及广西、广东、福建和台湾等地，在国外印度、菲律宾、印度尼西亚、澳大利亚等都有分布。中国古代文献中的鹌鹑主要指的是鹌鹑属鹌鹑种。

现在的产蛋用鹑大约在1910年由日本鸣鹑培育而来，但在中国历史上很早就有食用和驯养鹌鹑的记载。中国古人驯养的鹌鹑大体有两个用途：食用和戏斗。

食用鹌鹑的驯养，以往学术界认为起源于日本，但目前学术界多认为中国具有悠久的养殖鹌鹑历史。谢成侠的《中国鹌鹑的考证及其展望》，常国斌的《两种野生鹌鹑与家鹑进化趋异水平的研究》，宋东亮等的《鹌鹑的种类、分布、特征及价值》等文章都就古代中国人认识鹌鹑、利用鹌鹑以及鹌鹑养殖历史进行了一定的论述，但都较为简略，本书在此基础上又进行了进一步的探索。

综上所述，目前在对中国古代动物的研究中，各学科独立研究的情况较多，但将思想史、文学史、民俗学、科学史等各学科交叉融合，对中国古代动物进行综合分析的文化史研究较少。笔者以为，古人对动物的认识渗透到人类生活与思想的各个方面，因而单一学科的孤立研究无法完全还原古人的动物观，甚至有可能出现理解偏差。同时，随着近年来科学史研究中内史与外史结合的发展，多学科的融合研究也是必然的发展趋势。

本书主要内容与结构

斗鹌鹑是中国古代比较有特色的一种戏斗活动，曾在明清时期盛极一时。鹑谱是记录中国古代斗鹑种类、饲养

［1］中国科学院中国动物志编辑委员会主编.中国动物志：鸟纲第4卷鸡形目［M］.北京：科学出版社，1978：78.

训练方法、比赛规则等的实用类专书；以往的研究多认为，现存此类专书的最早版本为清代程石邻的《鹌鹑谱》，笔者经过研究认为明代后期张弘仁所作《鹌鹑谱》可能为现存最早的鹌鹑谱版本。笔者同时找到多个版本的鹑谱，以及同一版本鹑谱在流传过程中经不同人完成的校改本、手抄本，故以此为切入点进行研究。

除对不同版本的鹑谱进行研究之外，笔者在社会调查中发现，斗鹌鹑并不是一种已经消亡在历史长河中的活动，在安徽、河南、山东一带的乡村，仍然有在农闲时斗鹌鹑、把鹌鹑的活动，有些地方还保留了在秋末冬初举行斗鹌鹑比赛的习俗，并且当地人们斗鹌鹑的一些方法、术语、理念等还和鹑谱中所记述的一脉相承。所以笔者认为对斗鹌鹑及其方法的研究不应只停留在故纸堆里，还应结合现代斗鹑活动去认识历史。

笔者在史料研究的基础上，采用人类学与民俗学常用的田野调查方法，亲抵斗鹌鹑活动盛行的村庄，亲身参与村民的斗鹌鹑比赛，并走访资历较老的斗鹑村民，以更好地理解和还原古人斗鹑比赛的流程、驯养斗鹑的方法与技术、历史知识的流传情况等。

据此，本书用大量篇幅梳理了斗鹌鹑活动的历史演变情况，考证了斗鹑驯养及戏斗方法，整理了鹌鹑谱的版本情况和流传情况，分析了鹌鹑谱中涉及的生物学知识、自然观念及人文观念，并以鹌鹑为例，探讨了生物知识与自然观念在娱乐活动中的传播和变化。

在此基础上，本书进一步从注经传统中的知识传承、食用药用、文学形象、艺术形象等多方面梳理了中国古人对鹌鹑的认识及利用情况，并分析和探讨了其中自然认识水平、文化思想意识和政府作用等的互动情况。本书是从科学史角度研究娱乐活动的一次尝试，也是多学科综合进行中国古代动物文化史研究的一次尝试。

本书上篇为中国古代鹌鹑文化史各论，下篇为明清时期鹌鹑谱合集。

上篇第一章旨在回答这样一个问题，即关于鹌鹑的动物学知识是如何在注经传统中得到积累和传播的。笔者以历代文人对《诗经》中《鹑之奔奔》一篇所含鹌鹑习性的不同解释为切入点，进一步阐明孔子的观点——读诗可以"多识于鸟兽草木之名"——并以此为文人关注动物学知识提供了理由，在此基础上应用文化记忆理论阐释了此理由的作用过程。

上篇第二章首先以文献史料、文物图像史料为基础，梳理了中国古代斗鹑历史，分析了其在不同时代盛行程度不同的原因及该活动的传播过程；其次结合文献史料、文物图像史料、实物资料、口述史料和田野调查资料，还原了古人斗鹑前期备战、中期比赛、后期调养的全流程。

上篇第三章对国内现存的多本鹌鹑谱进行对比分析，包括广为流传的程石邻的《鹌鹑谱》，以及较为少见的手抄本和残本。笔者梳理出这些谱集在明清时期的流传情况，对其中所蕴含的生物学知识和人文思想进行挖掘和阐释，并以此为例指出了戏斗动物谱录在中国古代生物学史研究中的价值。

上篇第四章旨在找寻鹌鹑形象在不同朝代诗歌中发生变化的原因，在此基础上笔者再次论证了社会文化环境、社会制度条例、统治者的喜好等对当时人们看待自然、看待自然物的眼光的影响。

上篇第五章梳理了鹌鹑在艺术作品中的形象特征与寓意。一方面因"鹌"与"安"谐音，鹌鹑成为寓意吉祥的画作的常客，常与枸杞、麦穗、菊花等搭配，构成不同的美好寓意；另一方面，鹌鹑还因其"悬鹑"的文学形象，成为部分文人画的主角。

上篇第六章梳理了鹌鹑作为食物和药物的历史，对鹌鹑是野禽还是家禽进行了探讨，对药典中记载的鹌鹑的药用价值及起源方式进行了讨论。

本书下篇共收录张弘仁《鹌鹑谱》（残本）、程石邻《鹌鹑谱》（包括昭代丛书本和汉卿氏点校本）、金文锦《四生谱之鹌鹑论》、张成纲《鹌鹑谱》（残本）及浣花逸士《鹦鹑谱全集》。

上篇　中国古代鹌鹑文化史各论

＊　＊　＊　＊　＊

鹑之奔奔，鹊之彊彊。
人之无良，我以为兄。
鹊之彊彊，鹑之奔奔。
人之无良，我以为君。

——《诗经·鄘风·鹑之奔奔》

第一章

鹑之奔奔——注经传统中的鹌鹑

清·余省《鹌鹑图》

中国具有悠久的解经释经传统，所释内容涉及对经典中动植物的讨论，同时还逐渐出现了专门解释动植物等名物以及某一类动植物的书目。这些讨论及专书是保存中国古代动植物知识及古人对自然认识的重要文献。本章将不同时代对《诗经》中"鹑之奔奔"的解释进行对比分析，以此探微注经传统中动物知识的特点以及其中所体现出的不同时代下中国人的自然观的变化。

◎

第一节

『奔奔』何解？

——汉代至清代『鹑之奔奔』注解变化

孔子说读诗可以"多识于鸟兽草木之名"，这句话给了中国古代文人学者观察动植物、记录动植物的动力。《鄘风·鹑之奔奔》是《诗经》流传篇目中提到鹑的、非常有名的一篇，虽然其对鹑的形容只有"奔奔"二字，但历代学者对这二字却有不同的解释。

《诗经》作为五经之一，自汉武帝设立官学起，就是知识分子们重要的教科书。本节梳理了历代学者对《诗经·鄘风·鹑之奔奔》中"鹑"及"奔奔"的解释，借此了解不同时代知识分子对鹑的认识以及他们在诗意和自然观察之间的取舍。

汉代郑玄的两种解释："乘匹之貌"还是"争斗恶貌"

汉代是对《诗经》进行训诂和解读的第一个高峰期，当时的今古文之争是汉代学界的一个重要现象。经学史专家周予同在为《经学历史》所写的序言中对今文学与古文学这两派的特征进行了归纳总结：

今文学以孔子为政治家，以六经为孔子致治之说，所以偏重于"微言大义"，其特色为功利的，而其流弊为狂妄。古文学以孔子为史学家，以六经为孔子整理古代史料之书，所以偏重于"名物训诂"，其特色为考证的，而其流弊为烦琐。[1]

东汉末年，儒学家郑玄对《诗经》做笺，统合今古文，其所作《郑笺》被赞为"集汉学之大成"。

《郑笺》以《毛诗传》和《毛诗序》为底本对《诗经》进行解读，其中就有对《鹑之奔奔》这一篇的解读。

《毛诗序·鹑之奔奔》：

[1] 周予同.序言[M]//皮锡瑞.经学历史.北京：中华书局，2012：3.

《鹑之奔奔》，刺卫宣姜也。卫人以为，宣姜，鹑鹊之不若也。

《毛诗传·鹑之奔奔》：

刺宣姜者，刺其与公子顽为淫乱行，不如禽鸟。

"鹑之奔奔，鹊之彊彊。"鹑则奔奔，鹊则彊彊然。

《毛诗传》并未对"奔奔""彊彊"究竟为何意作出解释。但是郑玄根据《毛诗序》与《毛诗传》中对整篇诗的注解，提出以下观点：

奔奔、彊彊，言其居有常匹，飞则相随之貌。刺宣姜与顽非匹偶。

并引用《韩诗》中的注解加以佐证：

《韩诗》云："奔奔、彊彊，乘匹之貌。"[1]

[1]《十三经注疏》整理委员会.十三经注疏：毛诗正义：中[M].北京：北京大学出版社，1999：193.

可见，以《郑笺》来看，郑玄认为"奔奔"为两只鹌鹑成对而行之意。但是，当他对《礼记·表记》所引的《鹑之奔奔》中相同的诗句做注的时候，却做出了迥然不同的解释。

子曰：唯天子受命于天，士受命于君。故君命顺，则臣有顺命；君命逆，则臣有逆命。《诗》曰："鹊之姜姜，鹑之贲贲。人之无良，我以为君。"

郑玄注：姜姜、贲贲，争斗恶貌也。良，善也。言我以恶人为君，亦使我恶如大鸟"姜姜"于上，小鸟"贲贲"于下。

唐代至明代学者的取舍：择其一还是融合

后世学者也发现了郑玄对《诗经》同一篇章采取不同解释的问题。唐代孔颖达认为这是其为说明文意而刻意附会、断章取义，在《毛诗正义》卷三中，他写道：

《表记》引此证君命逆则臣有逆命，故注云：彊彊、奔奔，争斗恶貌也。

孔颖达在《礼记正义·表记》中重申这一观点：

此经引《诗》断章，言君有逆命，似大鸟"姜姜"争斗于上，小鸟"贲贲"亦争斗于下，谓君无良善，我等万民以恶人为君也。

宋代学者多承袭《郑笺》的说法或者孔颖达注的说法，但也有少数学者发现了其两处解释不一致的现象。王应麟在《诗考》中将上述两条注解列在了一起，表明其已经注意到其中的不同，但他并没有做出自己的解释。范处义在《诗补传》中虽然没有明确指出郑玄解释的不同，但从他对"奔奔"的解释"鹑不乱其匹，所以奔奔然，喜斗者恶其乱匹而斗也"可以看出，其有意识地将郑玄的两种解释"居有常匹"和"争斗恶貌"融合成一个合理的解释，也可以说是将"鹑好斗"这一易于观察的习性与传统的经学解释融合的一次尝试。

明代学者承袭宋代学者的研究，少有创新，对待郑玄对"奔奔"在不同文本中的不同解释的处理也与宋代学者的相似，一为罗列不同而不加解释，二为将两种解释进行融合与调和。前者如何楷《诗经世本古义》卷二十对《韩诗》《礼记注》《说文》以及孔颖达、陆佃等对"奔奔"或"奔"的解释进行了罗列；后者如朱谋㙔《诗故》卷二中的"奔奔犹言贲贲，鹑盛气而怒也""鹑性妒淫，两雄相见必盛气而斗"，张次仲《待轩诗记》中的"奔奔，斗也，怒乱其匹"。姚舜牧则走得更远。他在《重订诗经疑问》卷二中提到："鹑鹊非匹也，一奔奔一彊彊而淫合，以为耦。

是禽类之可丑者。曾谓人而可效之尤乎"，即他认为"鹑之奔奔，鹊之彊彊"的内涵不是鹑与鹊常常有固定的伴侣，对比之下显得人不如鹑鹊，而是鹑鹊之间随意匹配正如淫乱的人一样。

清代学者的反驳：全然否定"居有常匹飞则相随"

到了清代，学者注重实际观察，出现了全然否定《郑笺》对"奔奔"的解释的说法。如毛奇龄在《续诗传鸟名卷》卷一列出四条理由，反驳"奔奔""居有常匹，飞则相随之貌"的解释。

第一，鹑本居无定所，更不要说"居有常匹"了：

鹑本无居，不巢不穴，每随所过，但偃伏草间，一如上古之茅茨不掩者。故尸子曰：尧鹑居。庄子亦曰：圣人鹑居。是居且不足，安问居匹。

第二，鹑行审伏无定，并不相随：

若行，则鹑每夜飞，飞亦不一，以审伏无定之禽，而诬以行随，非其实矣。

第三，《表记》引用此诗时无"居匹行随"之意：

子曰：君行逆则臣有逆命。诗曰：鹊之彊彊，鹑之奔奔。谓上下行逆有如奔彊之亢。

第四，春秋时期童谣有"鹑之奔奔"句，"奔奔"并非"居匹行随"之意：

春秋僖五年晋献公灭虢，在鹑火晨见之际，而童谣曰：鹑之奔奔。夫此鹑为南方之辰，一鹑也，一鹑有何匹，有何相随，而亦曰奔奔。

前两条理由都是毛奇龄通过对鹌鹑自然习性的观察所

得，并且他把这两条论据摆在了经典引用之前，显然是认为自然观察更具有不可动摇的确定性。他认为："解者以刺淫之故，淫必乱匹，乱匹则行不相随，因之以奔奔彊彊强解作居有常匹行则相随之貌。"

纵观整个清代的名物研究，注重观察实践与动植物本身的习性是一个很重要的特点，与前代以罗列经典为主的名物训诂有很大的不同。

姚炳在《诗识名解·鸟部四》中反对《礼记注》中对"奔奔""争斗恶貌"的解释，他认为："斗鹑自古有之，盖其性然，亦不必谓恶乱其匹，以求合诗旨。"接着他列举了"贲"在其他文献中的解释："且贲同奔。《国语》天子有虎贲，诸侯有旅贲。注云，执戈盾夹车而趋，是趋即奔义也。《夏小正·十二月》玄驹贲。注云，贲者，走于地中，是走又即奔义也。必易贲求他解，凿矣。"他同样也引用了《左氏春秋》中的童谣："左氏'鹑之贲贲'亦用成语为文，取奔义耳。岂天文鹑火固有奔象耶。"虽然姚炳和毛奇龄论述的重点和所得结论不尽相同，但反驳的思路却是一致的，即以与观察实践相悖为主，辅以文献。

总趋势：从"随文解物"到"因物疑文"

纵观唐代至清代学者对"奔奔"的研究，可以看出将"奔奔"解释为"争斗"的声音逐渐压过了郑玄"居有常匹"的声音，出现了从"随文解物"到"因物疑文"的转变。这种转变的产生有以下几点原因。

首先是因为历代学者对经典采取的是动态阐释，而非静态传承，即在保持原文本恒定不变的情况下允许对其阐释加以质疑和改变。尽管在某一时期统治者将某些人的解经版本进行官方化，使得该时期的思想被禁锢，但从总体来看，还是有新的阐释出现。后人通过质疑前人的研究来改变其固有思想，究其原因很重要的一点就是中国的经典学术文本本身就提倡不断质疑与探究的治学态度。比如《中庸》强调"审问、慎思、明辨"，《大学》提出"格物致知""必始学者即凡天下之物，莫不因其已知之理而益穷之，以求至乎其极"。[1] 除此之外，几代大儒也都提倡怀疑精神，如孟子说"尽信书则不如无书"，朱熹说"思索求所疑"，清代训诂高峰期也有着"虽弟子驳难本师"的良好风气。因此中国古代的训诂和释经能始终保持活力，中国文化能历经千年而不朽。

[1] 王国轩.大学·中庸[M].北京：中华书局，2006：17.

其次，与历代学者实事求是的精神有关。对经典的尊重不代表盲从，在中国古代任何一种类型的文本中都可以看到作者对权威说法和实践经验、实际观察的融合。中国被许多学者认为是最尊重历史的国家之一，但中国的历史不是死的，每一个朝代在对经典进行解释和利用时都充分展现了当时人们的需求和关注点。对《诗经》的多维解读，是从只重视其教化功能到探求天文地理、动植物文化，这样的变化体现出当时人们对了解更多方面的知识的渴望逐渐增多。虽然这种需求最终没能形成系统的科学，但不得不说，从古人"随文解物"到"因物疑文"的变化趋势，以及今人试图通过训诂学、文学、自然科学等多维度对《诗经》进行解读的努力中，可以看见先人渴望了解更多知识的影子，能够感受到中华民族一脉相承的文化基因。

最后，也与中国古代生物学知识本身的积累和中国古代历史背景下学术发展的必然趋势有关。随着生物学知识的逐代积累，天文学、地理学的同步发展，应用科学预言自然、利用技术改造自然的实践增多，自然的神秘感与神圣性逐渐减弱，用一种更加合乎观察和理性的方式解读自然的兴趣和需求呼之欲出。加之清政府对天文学的限制和对政治讨论的控制，知识分子只能将聪明才智用在与政治无关的话题上，比如对《诗经》名物的探讨，这使得在整体科学氛围低迷的情况下，反而在注经中闪现出探究自然的理性之光。

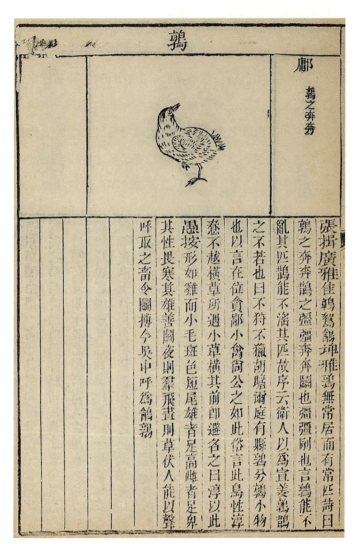

呼取之畜令鬬搏今吳中呼為鶴鶉
其性畏寒其雄善鬬夜則羣飛晝則草伏人能以聲
愚按形如雛而小毛斑色短尾雄者足高雌者足卑
慈不慈橫草所遇小草橫其前即遮名之曰淳以此
也以言在位貪鄙小禽窗公之如此俗言此鳥性淳
之不若也曰不狩不獵胡瞻爾庭有縣鶉分鶉小物
亂其匹鶉能不滛其匹故序云衛人以為宣姜鶉鵲
鶉之奔奔鶉之彊彊奔奔也彊彊剛也言鶉能不
張揖廣雅佳鶉鴽鷃坤雅鶉無常居而有常匹詩曰

清·徐鼎《毛诗名物图说》，乾隆三十六年（1771）刊

◎

第二节

诗经名物研究

——中国古代生物知识积累的官方阵营

德国学者扬·阿斯曼（Jan Assmann）在《文化记忆：早期高级文化中的文字、回忆和政治身份》中对历史上的两种文献进行了区分，提出对核心文献的抄写、传播和保存能产生一个民族"大传统"：

（在历史发展过程中）文献逐渐分为主要和次要两个类型。那些具有重要意义的文本被视为核心文献，经常被抄写和背诵，最后成为经典之作，拥有了规范和定型的价值。在这一发展过程中，书吏学校扮演了关键的角色，因为它为这些文献得以抄写、传播和保存提供了机构性的保障。正是因为有了抄写、传播和保存等机制，这些悠久的文献当中起到规范和定型作用的意义才有可能长存，相关的人随时都可以与之对接。所谓的"大传统"正是以这种方式产生的。这个大传统能够为每个当下提供积淀了几百年甚至几千年的知识宝藏，具体地说，它向相关的人群打开了受到教育的广阔空间。[1]

《诗经》在中国古代就属于这样一种核心文献，对其的学习是历代学子都必须完成的功课，对其的解读也一直没有中断。中国古代的《诗经》名物研究是很特殊的一门学问，它既包含了对文意的探讨，也包含了许多当时人们所掌握的生物知识，甚至可以说，在系统的生物学还没诞生的古代中国，《诗经》名物研究是中国古代生物知识积累的官方阵地。本小节暂且把目光从"鹌鹑"身上移开，转向其身后的背景，以探讨中国古代的生物知识如何在官方正统学问中谋得一席之地，又如何在对经典的诠释中得到积累和传承。

[1] 扬·阿斯曼.文化记忆：早期高级文化中的文字、回忆和政治身份[M].金寿福，黄晓晨，译.北京：北京大学出版社，2015：91.

三国陆机《毛诗草木鸟兽虫鱼疏》：为生物知识的积累开辟新领域

陆机的《毛诗草木鸟兽虫鱼疏》被公认为《诗经》名物研究的开山之作，同时也是中国古代生物学的奠基性著作。它按草、木、鸟、兽、鱼、虫的顺序，以《诗经》的诗句为条目，解释诗句中的名物。它的重要性和特殊性不仅在于其将汉代注疏中对名物的解释单列出来，从而开创了一种新的体例，更在于它有如下两个有别于前代《诗经》研究的重要特点。

第一，无论是基于经典还是基于自然观察，《毛诗草木鸟兽虫鱼疏》只是对《诗经》中提到的草木鸟兽虫鱼这些自然物本身进行解释，而没有对其在《诗经》中的寓意进行解释，也就是说它的政治说教意味极小，而自然探索旨趣极大，这在汉代《诗经》研究中是几乎没有的。比如其对鹑的解释只有"鹑之奔奔。鹑性淳，不越横草，能不乱其匹"[1]一句，只说鹑的自然习性，而丝毫不提鹑的寓意。这种特征在对鹤的解释中有更明显的体现。

鹤鸣于九皋。鹤，形状大如鹅，长脚，青翼，高三尺余，赤顶，赤目，喙长四寸余，多纯白，亦有苍色。苍色者人谓之赤颊，常夜半鸣。故《淮南子》曰：鸡知将旦，鹤知夜半。其鸣高亮，闻八九里，雌者声差下。今吴人园囿中及士大夫家皆养之，鸡鸣时亦鸣。[2]

同一句诗，郑玄笺注则为："鹤鸣于九皋，声闻于野……鹤在中鸣焉，而野闻其鸣声。兴者，喻贤者虽隐居，人咸知之。"[3]

如果将《毛诗草木鸟兽虫鱼疏》条目中的诗句改成动

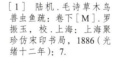

[1] 陆机.毛诗草木鸟兽虫鱼疏：卷下[M].罗振玉，校.上海：上海聚珍仿宋印书局，1886（光绪十二年）：7.

[2] 同[1]。

[3]《十三经注疏》整理委员会.十三经注疏：毛诗正义：中[M].北京：北京大学出版社，1999：668.

物名称，那么毫无疑问它就成了一本三国时期的生物观察记录，原因在于其先记录鹤的外貌大小、颜色，后描述鹤"常夜半鸣"，并引用其他两份观察记录来进一步说明鹤的这一习性的普遍性。

而《郑笺》的注解只是就《诗经》原句进行了翻译，而后阐释喻义，既没有点名鹤是何种鸟，也没有对其习性进行考证，这是汉代对《诗经》注解的典型风格。

第二，陆机首次将大量一手自然观察资料，与经典的研究相结合，给予了自然观察资料一个新的且异常坚固的承载容器。这一点对于中国古代生物知识的发展有开拓性的重要意义，让零散于个人观察的动物形态、习性记录有了一个得以汇集、整理、保存、传播乃至让后人得以再加工的平台。如果说孔子的"多识于鸟兽草木之名"让生物学知识的整理有了一个恰当的理由，那么陆机的《毛诗草木鸟兽虫鱼疏》就首次借这个理由让生物学知识有了一个得以流传的载体。鉴于对经典的注释比其他文类有更广泛的读者人群与更高的文化地位，毋庸置疑，注经在生物学知识的传播上起到了极大的作用，陆机的著作在后世一次次被引用就是明证。据考证，《毛诗草木鸟兽虫鱼疏》原本已亡佚，现存版本是后人从孔颖达等人的《毛诗正义》中辑录出来的。可以想象，如果陆机不是以《诗经》注解为载体记录其所具有的生物知识，他的文字及其所具有的生物知识流传下来的可能性就要小得多了。

北宋蔡卞《毛诗名物解》：有意识地区分动物的自然属性和人文属性

终唐一代，虽是繁华盛世，却少有优秀的《诗经》名物著作问世，一直到北宋才有了一本值得称道的《诗经》名物著作，即蔡卞的《毛诗名物解》，此书在《诗经》名物方面有两大特点：

第一，此书确有一些新增加的生物知识，这对于研究中国古代生物学不得不说是很宝贵的资料，再一次印证了前面所提到过的陆机建立的这一平台的重要性。

第二，此书比之陆机"自然笔记"式的记录，在后半部分增加了许多具有文化内涵的记录，使得其更多了博物的意味。

不仅如此，《毛诗名物解》还有另一个特征，即其自然观察部分和文化内涵部分截然分开，这一特点与汉代将寓意与习性等混杂一体的做法截然不同，具有重要意义。这说明当时的人们已经有意识地区分动物的自然属性和人文属性。在以往的研究中，众多学者过于强调动物形象在中国古代文化中的重要性，从而造成一种中国古人分不清动物的自然属性和人文属性的假象。《毛诗名物解·释鸟》中对动物自然属性和人文属性区分开来的做法则将这一假象打破，使后人得以看见在中国古代动物文化神秘面纱下简明、求实的自然笔记。例如：

鹤

鹤形状似鹅，青脚，素翼，常夜半鸣。故《淮南子》曰：鸡鸣将旦，鹤警夜半。其鸣高亮，闻八九里，雌者声差下。旧云此鸟性警，至八月白露降流于草木，涓滴有声，因即高鸣相警移徙所宿处，虑有变害也。盖鹤体洁白，举则高，至鸣则远闻，性又善警，行必依洲屿，止必集林木。

以上为自然习性，以下为文化内涵：

《诗》《易》故以为君子言行之象，始生二年落子毛，三年产伏，七年飞薄云汉，后七年学舞，后七年应节，后七年昼夜十二鸣，中律，后六十年不食生物，大毛落，茸毛生，色雪白，泥水不能污。百六十年雌雄相视目睛不转而孕，千六百年饮而不食，圣人在上，则与凤凰游于甸，其精神气骨应相。《禽经》曰：鹤以怨望，鸥以贪顾，鸡以嗔视，鸭以怒瞋，雀以猜瞿，燕以狂昕，视也。莺以喜转，乌以悲啼，鸢以饥鸣，鹤以洁唳，枭以凶叫，鹊以吉啸，鸣也。今鹤雌雄相随，履其迹而孕。传曰：鹤影生，鳖男化也。

虽然《毛诗名物解》中的这部分内容大部分在《风土记》《相鹤经》等著作中均已提及，但蔡卞对这些著作中与鹤有关的知识进行了创新性的重新编排。

南宋至明代的《诗经》名物：征引丰富但少有主动观察

南宋朱熹虽然提倡"格物致知"，但在《诗经》研究上重在说理而非对名物的研究。除文人学者对《诗经》的研究之外，中国古代还出现了众多动植物专门著作，如《禽经》《相猫经》《菊谱》《南方草木状》等。在专门著作之外，本草著作、文人笔记中对动植物的观察与认识内容也有所增加，这些内容在宋代之后的元明时期的《诗经》名物解释著作中占据了很重的分量。

元明两代在《诗经》研究上承袭宋代，经过宋代的讨论及元明两代官方对朱熹《诗集传》的推崇，朱熹《诗集传》成为经典，以致对《诗经》文章意思难以做出新的解释，在这种情况下剑走偏锋、独辟蹊径是学术研究的必然；同时生物学知识在宋代剧增，并亟待整理，也因此促使元明两代的《诗经》名物解释著作增加。所以元明两代尽管对《诗经》文章意思的研究乏善可陈，但在其名物研究方面却有几部值得称道的著作，比如元代许谦的《诗集传名物钞》，明代冯复京的《六家诗名物疏》以及明代毛晋所注的《陆氏诗疏广要》。

元代许谦的《诗集传名物钞》是为朱熹《诗集传》中的音训及名物训诂等方面作增益补缺，《四库全书总目提要》评价它"研究诸经，亦多明古义。故是书所考名物音训，颇有根据，足以补《集传》之阙遗"。此处，仅以鹤、鹑两例加以比较说明。

《诗集传》与《诗集传名物钞》对鹤的解释没有区别，皆为：

鹤，鸟名。长颈，竦身，高脚。顶赤，身白，颈尾黑，其鸣高亮，闻八九里。

其后为对义理的阐释。

对鹑的解释，《诗集传》仅有一句"鹑，鹌属"，许谦《诗集传名物钞》卷二则引用《尔雅》及其注疏中的内容对其加以补充，并在最后提出了自己的一点质疑：

（鹑）《尔雅》曰鹌鹑，注鹑属，疏，鹑一名鹌，又曰鴾、鹑母。注鹑也，青州呼鹑母。疏，鴾，田鼠所化；鹑，虾蟆所化。《尔雅》又曰：鹑。其雄鹑，牝庳，又曰鹑子鴾，鴾子鹑。然则又有雌雄子母非尽化者也。

皮锡瑞的《经学历史》在评价明代"诗经学"时，称其"冷落、枯燥，感受不到一点新鲜气息"，但同时又提到"明代关于《诗经》名物典故的研究，也还有几部比较详细的专著，这几方面与元代相比，似乎又稍胜一筹"。此处仅以冯复京的《六家诗名物疏》为例。

《六家诗名物疏》是"因宋蔡元度诗名物疏而广之"，《四库全书总目提要》评论该书"征引颇为赅博"，而这也是该书最大的特点。比如"鹤"和"鹑"的条目皆征引十三条，整理和保存了珍贵的生物学史文献资料，并且很好地将动物的自然属性和人文属性相区分，将文献中的生物学知识进行了剥离，展现了当时人们眼中的自然。不过，该书虽征引丰富，却少有自己的观察记录，比如在"鹑"条目中，冯复京发现关于鹑的起源有"卵生"和"化生"的不同说法，但他只是将不同说法进行了记录，而没有亲身观察进行验证。

清代《诗经》名物：强调亲身观察自然的重要性

清代是中国古代训诂学发展的一个高峰期，名物训诂也在这一时期得到了较大的发展。皮锡瑞在《经学历史》中评价这一时期的训诂风气：

> 考证《诗经》名物，元代惟许谦《诗集传名物钞》、明代惟冯复京《六家诗名物疏》较为可观，元明两朝将近四个世纪，《诗经》论著数以百计，考证名物比较可观者仅此而已，而清代前期数十年间，各类考证类专著就已多达二十余家，其间考证名物者亦有十余种。

其中对毛奇龄《续诗传鸟名卷》、姚炳《诗识名解》、陈大章《诗传名物集览》、顾栋高《毛诗类释》、多隆阿《毛诗多识》等评价较高；因此后文以毛奇龄《续诗传鸟名卷》、陈大章《诗传名物集览》、多隆阿《毛诗多识》三本著作中对"鹑"的解释进行分析。

毛奇龄《续诗传鸟名卷》"续毛训而正朱传"，《四库全书总目提要》评价其"引证赅洽，颇多有据"，但"恃其博辨，往往于朱子集传多所吹求"。其卷一有：

诗经：鹑之奔奔，鹊之彊彊。

集传：鹑，鹊属。奔奔、彊彊，居有常匹，飞则相随之貌。

归类：鹑，鹌属，非鹊属。

外貌：其鸟锐首，无尾，青褐，有斑色。

习性：性好斗，遇他鹑有不狎者，辄愤奋而前。

联系诗意：故诗人以奔奔目之，奔与贲通，言愤奋也，乃解者以刺淫之故，谓淫必乱匹，乱匹则行不相随，因之以奔奔彊彊强解，作居有常匹，行则相随之貌。

进一步证明：按鹑本无居，不巢不穴，每随所过，但偃伏草间，一如上古之茅茨不掩者。故尸子曰：尧鹑居。庄子亦曰：圣人鹑居。是居且不足，安问居匹。若行，则鹑每夜飞，飞亦不一，以宵伏无定之禽，而诬以行随，非其实矣。且诗言刺淫，但当举一反乎淫者以刺之，奔奔与淫比正相反也。且六经措词自有经解，未可援儒说以妄断者，表记曾引此诗矣。子曰：君行逆则臣有逆命。诗曰：鹊之彊彊，鹑之奔奔。谓上下行逆有如奔彊之亢。不用命者，未闻曰居常匹，行相随也。且其以居匹行随为奔奔者，谓两鹑也，即夫妇鹑也，乃有不夫不妇，只一鹑而犹奔奔者？春秋僖五年晋献公灭虢，在鹑火晨见之际，而童谣曰：鹑之奔奔。夫此鹑为南方之辰，一鹑也，一鹑有何匹，有何相随，而亦曰奔奔。此可悟矣。

陈大章的《诗传名物集览》沿袭《六家诗名物疏》，征引更加广博，并间插自己的评论，《四库全书总目提要》评论其"于诸家之说采辑尤伙""体近类书，深乖说经之旨""释'鹑之奔奔'则《庄子》之鹑居、《列子》之性变，以及朱鸟为鹑首、子夏衣若悬鹑之类，无所不引"。字义、物种特征、起源、习性、种类等在《诗传名物集览》中都有所涉及，正如题目中所说的"集览"，可见这时人们对名物的研究兴趣更加广泛。

多隆阿《毛诗多识·自序》中批评古之学者：

于目前之物，犹多承沿旧误，不能辨正者，或据此说以攻彼，据彼说以攻此，彼此聚讼，虽极之连编累牍不能明者。又有注家于鸟则曰鸟名，于兽则曰兽名，于草木则曰草木名，不详其为何鸟、何兽、何草、何木，致令读者开卷茫然，无所适从。

其认为"考据之学原贵多闻而尤贵多见。居近山川原隰之间，羽毛动植之物，日与耳目相习，留心察之"，并强调自然观察对于正确考释名物的重要性。这在其对鹌鹑的解释中就有所体现：

夫鹑鹊二鸟，处处皆有。鹑，俗呼鹌鹑，鹊，俗呼喜鹊。鹑大如莺，项细，尾短，羽黄褐色，白斑成章，恒在田野食粟，夜则群飞，昼则草伏，乡人夜举火张网覆之，往往可得，声如雌鸡而性愤怒，俗常畜之较量其相斗之胜负以为利。

从此番描述中就可见，多隆阿确实细心观察过鸟的样貌习性及其与人的互动。

　　综上可见，清代《诗经》名物研究的主要特点是注重亲身的观察，并且对自然观察比对权威更加信任。纵观《诗经》名物研究历程，我们清晰地看到了一个非主流知识在主流知识的夹缝中顽强生长的过程：由借一个冠冕堂皇的理由打开一个平台，到应用这个平台去吸纳各方的知识，并不断拓宽这个平台可以容纳的非主流知识界限（从一两句与动物相关的习性的记载，到和该动物相关的各种知识的整合），最后再是对这些知识的复查与修订，从而真正实现《诗经》名物研究的初衷，即通过对自然知识的了解让人们更好地理解《诗经》。正是这些前人或有意或无意的尝试与积累，才让我们在众多杂书都已遗失的情况下，得以从《诗经》名物研究中窥见那些古书中记载的生物学知识，看见那时人们眼中的自然世界。

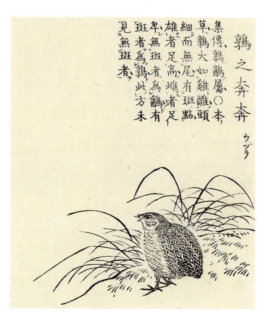

日·冈元凤纂《毛诗品物图考》；日·橘国雄《鹌鹑图》(1785)

* * * * *

斗鹌鹑，江南有此戏，皆在笼中。
近有吴门人，始开笼于屋除中，相斗
弥日。复入笼饮啄，亦太平清事。

——董其昌《画禅室随笔》卷三

第二章

斗鹌——中国古人独特的休闲活动

斗鹑，作动宾词组讲，为一种类似斗鸡，但暴力程度远低于斗鸡的戏斗休闲活动。简单来讲，是将两只鹌鹑放入比赛场地，撒几粒稻谷至场地中心，两鹑因食物而争斗，一方有欲飞走状即分出胜负。斗鹑，作名词讲，即专门捕获或驯养以进行戏斗的鹌鹑。

斗鹑活动在宋代兴起，在明代盛行，在清代遭政府明令禁止但在民间仍屡禁不止。斗鹑活动吸引中国古人的原因是什么？它在不同时代为什么会有如此不同的待遇？其传播过程又是怎样的？

本章将以时间为序，梳理斗鹑活动在中国的发展历程，并结合文献史料、文物图像史料、实物资料、口述史料和田野调查资料，还原古人斗鹑前期备战、中期比赛、后期调养的全流程，以探微当时人们的社会生活、审美旨趣以及对戏斗动物的认识和驯养程度。

◎

第一节

斗鹑小史

中国古代斗鹌活动兴起于何时，目前尚无定论。程石邻《鹌鹑谱·原始》载："（鹌鹑）相斗之戏，不知起自何代，惟唐外史云，西凉厩者进鹌鹑于明皇，能随金鼓节奏争斗，故唐时宫中人咸养之。"今之斗鹌者追溯历史多引用此条史料，但此条论述既没有其他叙述渊源的文章加以佐证，也缺少唐时的相关史料加以印证，难以判断真伪。但至迟到宋代，斗鹌活动已初具规模；至明清时，更是兴盛非常。本小节以时间为轴线，从繁杂的史料中探寻中国古代斗鹌活动的演变历程。

宋之前的斗鹌活动：君看海上鹤，何似笼中鹑

尽管我国古人在先秦两汉的时候已经注意到鹌鹑好斗的习性，但目前并未发现宋代之前有关斗鹌活动的明确记载，不过从汉代开始，有许多关于笼鹑的记载。汉代庄忌《哀时命》有云："为凤皇作鹌笼兮，虽翕翅其不容。"这句诗的意思是使凤凰作栖息于鹌鹑之笼，虽翕其翅翼，犹不得容其形体。唐代李白《对雪奉钱任城六父秩满归京》云："龙虎谢鞭策，鹓鸾不司晨。君看海上鹤，何似笼中鹑。"这后两句的意思是：你看那海上的黄鹤自由飞翔，怎么可能像那鸟笼中鹌鹑！从这些诗句中或可窥见从汉到唐时有一种在笼中饲养鹌鹑的习俗，这种习俗在明代的文献中还可以看到端倪。明代董其昌在《画禅室随笔》卷三中写道："斗鹌鹑，江南有此戏，皆在笼中。近有吴门人，始开笼于屋除中，相斗弥日。复入笼饮啄，亦太平清事。"由此可以推测，汉唐时期的笼鹑很可能就是明清时期盛极一时的斗鹌活动的前身。

宋代斗鹌活动的演进：争雄在数粒，一败势莫拥

至迟到宋代，斗鹌活动已初具规模，士族及士族子弟是其主力军。尤其到南宋时期，斗鹌活动已经成为市井活动的一种，士族子弟有时还会因争抢品相[1]上乘的斗鹌而发生矛盾。《宋史·王安石传》就记载有王安石曾因审理一桩因斗鹌引起的命案而险遭弹劾的事：

有少年得斗鹌，其侪求之不与，恃与之昵辄持去，少年追杀之。开封当此人死，安石驳曰："按律，公取、窃取皆为盗。此不与而彼携以去，是盗也；追而杀之，是捕盗也，虽死当勿论。"遂劾府司失入。府官不伏，事下审刑、大理，皆以府断为是。诏放安石罪，当诣阁门谢。安石曰："我无罪。"不肯谢。御史举奏之，置不问。[2]

说的是有个少年得到一只斗鹌，他的同伴想要，他不给。那同伴自恃和他亲密，就一把拿起斗鹌，跑了。少年去追，并把他杀了。开封府判决该少年应被处死。王安石却反驳说："按照律法的规定，不论是公然抢夺还是暗中偷窃都算是盗窃罪。此案中少年不给，他的同伴就拿走了，这就算盗窃。少年去追并把他杀掉，应该是追捕盗贼，即使杀死，也不应定罪。"因此王安石便弹劾开封府有关部门判罪过重。开封府的官员不服，便把此案上报到审刑院和大理寺，结果这两处都认为开封府的判决是正确的。按理说王安石弹劾不当，应被判罪，但皇帝却下诏赦免了他的罪名。依照惯例，这种情况王安石应该到阁门去答谢。王安石却不肯前去，说："我无罪。"御史因此弹劾他，这次皇帝没再理会。

梅尧臣诗作《斗鹌鹑孙曼叔邀作》生动形象地描绘了

[1] 古人根据鹌鹑外貌特征与打斗能力的关系，对鹌鹑容貌进行的分类。本章第二节有详细介绍。

[2] 脱脱.宋史：卷327 [M].北京：中华书局，2000：8462.

一场斗鹌比赛，尤其是展现了一只败鹌的窘态。

争雄在数粒，一败势莫拥。惭将缩袖间，怀负默而拱。[1]

孔平仲诗作《孤雁》中也提到"以鹌置怀袖，比汝乏羽翰"。南宋王十朋的《会稽风俗赋》也有"莺求鹌斗"之说，稍后有人加注："越人多畜莺及鹌，莺能求友鹌善斗。"

罗愿的《尔雅翼》中有斗鹌的完整叙述："至道年中秋间，京师鬻鹌者积于市，枚值二钱……鹌性虽淳，然特好斗。今人以平底锦囊养之怀袖间，乐观其斗。"[2]可见当时不仅出现了斗鹌活动，而且已经有了承装斗鹌的专用器具——"平底锦囊"，此囊可置于袖间，是后世鹌鹑袋的雏形。南宋台州方志《嘉定赤城志·风土门》粗略记述了捕捉鹌鹑的方法："鹌善斗，人以密网取之"。[3]《西湖老人繁胜录》有记载："宽阔处踢球，放胡哮，斗鹌鹑，卖等身门神、金漆桃符板、钟馗、财门。"可见，宋时从斗鹌的捕捉、贩卖到用具、玩乐都已经有了一定的规模。

宋代有一类人被称为"闲人"，这"闲人"中有一部分人就是专门陪当时的公子哥玩斗鹌的。《都城纪胜·闲人》记载，"（闲人）本食客也，古之孟尝门下中下等人，但不着业次，以闲事而食于人者"，其中"又有专为棚头，又谓之习闲，凡擎鹰、驾鹞、调鹌鸽、养鹌鹑、斗鸡、赌博、落生之类"。《梦粱录》也记载了相似的内容："又有专为棚头，斗黄头，养百虫蚁、促织儿。又谓之'闲汉'，凡擎鹰、架鹞、调鹌鸽、斗鹌鹑、斗鸡、赌扑落生之类。"[4]

台北故宫博物院藏有南宋宫廷画家陈居中画作《斗鹌》一幅，画中表现了游牧民族的两个人在闲暇之时于旷野中斗鹌的状况，表明宋时斗鹌活动不仅仅存在于农耕地区，

[1] 北京大学古文献研究所.全宋诗[M].北京：北京大学出版社，2004：2906.

[2] 罗愿.尔雅翼：卷15[M].合肥：黄山书社，1991：155.

[3] 陈耆卿.嘉定赤城志[M].北京：中国文史出版社，2008：393.

[4] 吴自牧.梦粱录：卷19[M].北京：中国商业出版社，1982：169.

还流传到游牧地区。

元杂剧《阀阅舞射柳蕤丸记》第一折里也提到葛姓监军"专则好饮酒耍笑欢乐之事，正在卷棚内斗鹌鹑"，表现的是监军等人于行军途中在临时卷棚内斗鹌鹑取乐的场景。元代离宋代时间并不久远，大体能反映当时的真实状况。

南宋·陈居中《斗鹌》

金元时期的斗鹌鹑活动：遇着中秋时节近，剪绒花绩斗鹌鹑

金元时期宫廷斗鹌活动也有所记录。明周定王朱橚有《元宫词》（其三十四）描写元代宫中斗鹌鹑的景象："金风苑树日光晨，内侍鹰坊出入频。遇着中秋时节近，剪绒花绩斗鹌鹑。"可见，在元代宫中有中秋时节斗鹌鹑的习俗。在《金史·后妃上》中还记载了一则金朝第四位皇帝海陵王完颜亮的一位昭媛通过"软金鹌鹑袋"通私情的史事：

昭媛察八，姓耶律氏。尝许嫁奚人萧堂古带。海陵纳之，封为昭媛。堂古带为护卫，察八使侍女习撚以软金鹌鹑袋数枚遗之。事觉。是时，堂古带谒告在河间驿，召问之。堂古带以实对，海陵释其罪。海陵登宝昌门楼，以察八徇诸后妃，手刃击之，堕门下死，并诛侍女习撚。[1]

[1] 脱脱.金史：卷63[M].北京：中华书局，1975：1513.

可见，当时可以用鹌鹑袋传情，说明当时宫中侍女佩戴鹌鹑袋已经是习以为常的事情了。此故事经过改写和扩写又收录在冯梦龙《醒世恒言》卷二十三"金海陵纵欲亡身"中。

除了宫廷中斗鹌鹑，当时的笔记小说中还记载了捕鹑、卖鹑的情况。元好问《续夷坚志》卷一《张童入冥》中的主人公张童"以捕鹑为业"，张童死后入冥界，祈求冥官放他回去养老送终，冥官对他说："今放汝归。语汝父，能弃打捕之业，汝命可延矣。"张童复活后告诉家人，其父"尽焚网罟之属，挈儿入寺供佛"。无论这则故事是否意在劝诫当时的人们节制杀生，都从侧面表明了当时捕鹑业之盛以及人们所捕捉鹌鹑之多，或可说明当时的斗鹑风气之盛。

从诗歌中我们也可以看见当时斗鹑活动的兴盛。元代有曲牌名"斗鹌鹑"。元代诗人张昱《辇下曲》说："斗鹌初罢草初黄，锦袋牙牌日自将。闹市闲坊寻搭对，红尘走杀少年狂。"从这首诗可以看出，当时斗鹑不仅仅是元代市井活动中的一种，而且已经有了一定的规模，是当时张狂少年的惯常活动之一。

元杂剧《百花亭》中描述王涣"端的个天下风流，无出其右"的例证之一就是"衣带鹌鹑粪"。吴澄《吴文正集·题跋·跋牧樵子鹌鹑》也写道："往年冬在京师，日以此充旅食之羞，今得此十数，把玩于手，活动如生，其悦吾目，有甚于悦吾口者。"可见元代斗鹑活动不仅兴盛，而且收获的评价颇高，被认为是豪放之态、风流之姿。

明代的斗鹌鹑活动：笼于袖中，若捧珍宝

明代斗鹌鹑活动更盛，在京城娱乐圈内占有一席之地，并且有秋季斗鹌鹑的习俗。陆启浤的《北京岁华记》就说："霜降后斗鹌鹑，笼于袖中若捧珍宝。"同时斗鹌鹑活动呈现自上而下的传播趋势，流行于从权贵到平民各阶层。明末，斗鹌鹑活动逐渐从观赏性的活动发展成为赌博项目，并在清代受到政府的严格管制。

明初北方畜斗鹌鹑者较多，斗鹌鹑活动自北向南传播，逐渐传到全国。谢肇淛《五杂俎·物部一》记载："江北有斗鹌鹑，其鸟小而驯，出入怀袖，视斗鸡又似近雅……鹑虽小而驯，然最勇健善斗，食粟者不过再斗，食粟者尤耿介，一斗而决。"可见在作者认知范围内，当时斗鹌鹑活动主要开展于中国长江以北的东部地区。许啸天的小说《明宫十六朝演义》中也提到"北人畜鹌鹑的很多"。虽然南宋时期南方曾有过斗鹌鹑活动，但因一些原因其渐渐不再流行。

明初，南方又出现了斗鹌鹑活动。董其昌在《画禅室随笔》有记载：

斗鹌鹑，江南有此戏，皆在笼中。近有吴门人，始开笼于屋除中，相斗弥日。复入笼饮啄，亦太平清事。

同时，明代斗鹌鹑活动呈现自下而上、再自上而下的传播趋势，统治者的喜好推动了官员及民间斗鹌鹑活动的兴盛。明代统治者喜好斗鹌鹑，现存故宫博物院的画作《朱瞻基斗鹌鹑图》中就可见统治者参与斗鹌鹑活动的场景。

明·佚名《朱瞻基斗鹌鹑图》

图中所绘为明宣宗朱瞻基在御园观看斗鹌鹑的场景。画面上朱瞻基居中端坐，周围有宦官、侍从和童仆侍奉。方桌上置一圆形围挡，两名宦官正在斗弄圈中的鹌鹑，旁边的侍从捧着笼子，其中是备用的鹌鹑。

近现代作家许啸天的小说《明宫十六朝演义》虽然是演义，但其取材于正史、野史和民间传说，也能反映明代的一些真实状况。其中第五十九到第六十回，太监引诱皇帝斗鹑的情节对民间游戏斗鹑为什么会进入宫廷，以及如何反作用于民间的过程有一个比较合理的解释。

文中写"正德帝静养了好几天，又想寻点事儿玩玩"。这时皇帝身边的太监投其所好，推荐鹌鹑玩物："鹌鹑是只鸟儿，养着以备厮斗，也分出优胜劣败来，唯这鹌鹑的性极畏寒，必须要人气去辅助它，它得着了人身上一股精气，斗起来就有劲了。"太监还向正德帝当场演示了斗鹑的玩法。"正德帝在旁瞧着,但见这一地鹌鹑,起先不过张了翅膀各自扬威,不一会两下伸着嘴乱啄,慢慢地愈啄愈猛,斗到起劲的当儿,就是爪喙齐施,上下翻腾,忽左忽右,奋力颠扑,好似狠斗的猛汉,不顾生命一味地死战。正德帝看到得意时,不觉拍手哈哈大笑"。于是皇帝吩咐太监:"明天你去搜罗几对来,待朕亲自斗它一下。"太监对统治者的投其所好是明代民间斗鹌鹑活动进入宫廷的契机。

正德帝非常喜欢太监搜罗来的鹌鹑,并给其中最厉害的两只赐名"玉孩儿"和"铁将军"。后来皇帝渐渐厌倦了这些宫廷中的鹌鹑,于是开始搜寻民间佳种鹌鹑。"经刘瑾(太监)四处搜求,凡民间有佳种的鹌鹑,能献宫中赢得皇帝所畜的那只'玉孩儿',赏给千金。这话一传十十传百的,满京里都知道了"。于是"各地所爱的老鹌鹑纷纷自来投献",这同时引发了民间捕捉、饲养、戏斗鹌鹑的热潮。

统治者对斗鹌鹑活动的喜好,尤其是经济奖赏带来的刺激,对民间娱乐活动起了极大的引导作用。这一引导作用使得明末民间斗鹌鹑活动获得合法性地位,各种斗鹌鹑场所开始增多,赌博活动也日益增加,最终成为社会问题,这也直接导致清朝有关禁令的出台。

清代斗鹌鹑活动:京城禁止宰牛斗鸡及畜养鹌鹑等事

清代雍正、乾隆、嘉庆、道光等朝都对开局斗鹌鹑赌博有明令禁止。《大清历朝实录·雍正朝实录》卷七十九记载:"京城禁止宰牛斗鸡及畜养鹌鹑等事。"《大清历朝实录·乾隆朝实录》卷一百九十四记载:"下刑部议寻奏闹姓、花会、白鸽标、山标、田标、屋标、鹌鹑斗、蟋蟀斗八项赌博。起意为首之犯，俱实发云贵极边烟瘴充军，仍照名例以足四千里为限，合伙出本之犯，拟发边远充军。帮同收标收钱等犯，拟以杖一百徒三年。"《大清历朝实录·嘉庆朝实录》卷一百三十记载："嘉庆七年，于拿获袁锡等赌斗鹌鹑一案。"《大清历朝实录·道光朝实录》卷七十五记载："道光四年内务府奏，酌增太监犯赌则例五条。一、压宝诱赌，及斗鹌鹑、蟋蟀。开场及同赌者。俱照赌博例治罪，出首者免。"

但这并未能阻止斗鹌鹑活动的兴盛，只是使其活动中心从北方转移到了离都城较远的南方而已。还有人对此禁令提出了反对意见。葛虚存的《清代名人轶事·治术类》、钱泳的《履园丛话·丛话一·旧闻》皆记载了这样一篇评论：

治国之道，第一要务在安顿穷人……苏郡五方杂处，如寺院、戏馆、游船、青楼、蟋蟀、鹌鹑等局，皆穷人之大养济院。一旦令其改业，则必至流为游棍、为乞丐、为盗贼，害无底止，不如听之。潘榕皋农部《游虎丘冶坊浜》诗云："人言荡子销金窟，我道贫民觅食乡。"真仁者之言也。

这一时期的地方志和小说中提及斗鹌鹑活动的极多，大多描写得生动详细，基本可以还原当时活动的样貌。比如屈大均《广东新语》就记录了人们捕捉鹌鹑与鹌鹑相斗的激烈场面：

番禺狮子里多鹌鹑，其价颇贵，斗者率以此为良。张网田中，以犬惊而得之。其麻翼黑爪而足高者雄也，黄眼赤嘴而足卑者雌也。其夫斗也，使童子左握其雄，右握其雌，时时在掌出入不离。又处之于囊，以盛其气，沃之于水，以去其肥。其将斗也。则注以金钱，诱以香粟，拂其项毛，两两迫促，于是奋怒而前，爪勾喙合，洒血淋漓，尚相抵触。斗之既酣，胜者与禄。此戏传自岭内，今广人皆以此为事。[1]

清代小说《歧路灯》第三十三回描绘了斗鹌鹑活动中不同人的表现，尤其是胜者对斗胜鹌鹑的珍视和败者的气急败坏：

只见四五个人，在亮窗下围着一张桌子看斗鹌鹑。桌上一领细毛茜毡，一个漆髹的大圈，内中两个鹌鹑正咬的热闹……斗了一会，孙四妞道："你两个不如摘开罢。"那戏子道："九宅哩，摘了罢？"那少年道："要打个死仗！"又咬了两定，只见一个渐渐敌挡不住，一翘儿飞到圈外。那戏子连忙将自己的拢在手内。只见那少年满面飞红，把飞出来的鹌鹑绰在手内，向地下一摔，摔的脑浆迸流，成了一个羽毛饼儿。提起一个空缎袋儿，忙开厅门就走。

蒲松龄《聊斋志异·王成》中还记载了一则靠斗鹌鹑致富的有趣故事。主人公王成一开始用狐仙给的钱财做葛布生意，结果生意亏本，后见市场上斗鹌鹑比较有行情，"适见斗鹌者，一赌数千；每市一鹌，恒百钱不止"，于是买来一批鹌鹑饲养，准备靠斗鹌鹑赚钱。王成没有饲养斗鹌鹑的经验，将鹌鹑都饲养于一个笼子内，结果发现鹌鹑逐个死去，最后仅剩一只。原来死去的鹌鹑都是被这只"英物"斗死的。王成无意间筛选斗鹌鹑的过程可以给我们一些斗鹌鹑活动起源的启发，古人可能是将以供食用的鹌鹑饲养于一笼中，由此发现鹌鹑互相争斗的现象，并利用这一现象发展出一种农闲游戏。凭借着这只能征善战的鹌鹑，王成"持向街头赌酒食""半年蓄积二十金"，后恰逢大亲王喜好斗鹌鹑，"每

[1] 屈大均.广东新语注[M].广州：广东人民出版社，1991：467.

值上元，辄放民间把鹑者入邸相角"。王成用一只斗鹑换得"八百金"，从而致富。故事中也有一段两鹑相斗的精彩论述：

玉鹑直奔之。而玉鹑方来，（王鹑）则伏如怒鸡以待之。玉鹑健喙，则起如翔鹤以击之。进退颉颃，相持约一伏时。玉鹑渐懈，而其怒益烈，其斗益急。未几，雪毛摧落，垂翅而逃。观者千人，罔不叹羡。[1]

当时参与斗鹑的有膏粱子弟、富豪之家，也有任侠之士、中人之家、无赖之徒。当时斗鹑用具华贵，动辄斥资千万，倾家荡产的也大有人在，这在许多笔记中都有所记载。

刘廷玑：近今惟尚斗鹌鹑。鹌鹑口袋有用旧锦、蟒缎、妆花、刻丝、猩毡、哆啰呢，而结口之束子，有汉玉、碧玉、玛瑙、砗磲、琥珀、珐琅、金银、犀象，而所用烟袋荷包更复式样更新，光彩炫耀。

潘荣陛：膏粱子弟好斗鹌鹑，千金角胜。夏日则贮以雕笼，冬日则盛以锦囊，饲以玉粟，捧以纤手，夜以继日，毫不知倦。

金埴：世之耽于禽鸟者，不必豪富之室，即中人之家，亦竞以畜鸽为事……至秋则又养鹌鹑为斗以博之。即万钱易一鹑，弗吝。贮以艳锦囊，佩于身；食则鱼子、粟。计二鸟岁食之粮，家增五人、十人、二十人不等。

李斗：有周大脚者，体丰性妒，好胜争奇，始于旧城城隍庙前卖猪肚得名，中年为是馆走堂者。秋斗蟋蟀，冬斗鹌鹑，所费不赀，倾家继之，亦无赖中之豪侠者。

许啸天：有一些太监也延续明朝遗风，顶风作案。清代太监，进出茶坊酒馆，多胸囊鹌鹑，皆明宫遗风也。

[1] 蒲松龄.聊斋志异：卷2［M］.济南：齐鲁书社，1995：39.

◎

第二节

斗鹑分类

古人总体从两方面描述鹌鹑，即"形"与"性"，或称"形体"与"性情"。"形"即身体外貌、结构，包括体型、筋骨、毛色等；"性"即动物行为及生态习性，包括鸣叫声、自然行为以及与人互动时的行为。

程石邻《鹌鹑谱》记载："其行奔奔，其飞踽踽，本性然也。衣如百结，土色短雏，本形然也。"浣花逸士《鹩鹑谱全集》说："若夫筋骨胜者，无论长大与扁，即小与圆亦属可观，即当首取。若夫毛色异胜者，无论小与圆，即长与大与扁方亦可足论矣。此鹑之性体不可不知也。再鹑之性情亦不可不论。有骨鸣者，有鸡鸣者，有静伏者，有撞袋者，有初把即鸣者，有熟见食而鸣者，此尤当察也。"

三停与二十六部位

古人有三停搭配歌，即将鹌鹑的身体分为上停、中停、下停三个部位。其中，上停指头至项根部位；中停指项根后即膀至尾的部位，即整个躯干部分；下停指脚跟到爪的部位。此种分法及叫法在现今斗鹌鹑地区仍被沿用。

除了将鹌鹑身体整体分为三停，古人在每一停内又对各部分进行了更细致的分类，并对鹌鹑品相的判定进行了细致的描述，此即为古人所称的"相法"，是对鹌鹑长期驯养和细致观察的经验总结。不同版本的鹑谱划分鹌鹑部位数量不尽相同，大抵有头、冠、顶、嘴、鼻、眉、眼、耳、脸、叹、须、舌、颔、颈、嗉、胸、翅膀、背、尖、尾、大腿、小腿、爪、掌、指等部位。

鹌鹑身体各部位及名称图示（源自张弘仁《鹌鹑谱》）

四时名目

　　斗鹑以野鹌鹑为佳，古人根据鹌鹑被捕季节和月份的不同对其进行分类。宋代药物学家寇宗奭在《本草衍义》中记载："（鹑）尝于田野屡得其卵，初生谓之罗鹑，至秋初谓之旦秋，中秋已后谓之白唐。"[1]浣花逸士《鹦鹑谱全集》中记载的《四时捕鹑论》讲到"正二月捕荞花，三四月捕菜花，五六月捕麦查，七八月捕早秋，中秋后捕白唐雏。九月九白唐满……十二月捕雪花"，其中"荞花""菜花""麦查""早秋""白唐雏""白唐满""雪花"均为鹌鹑的名称，是以捕鹑时的季节特征来为鹌鹑命名。这实际上反映了当时的人们已经意识到不同时节捕到的鹌鹑处于不同

[1] 寇宗奭.本草衍义：卷16［M］.北京：人民卫生出版社，1990：113.

生长阶段，具有不同的形体与性情特征。现今民间斗鹌地区亦有口诀"春捕雏子夏菜花，秋捕早秋冬白唐"，其中"雏子""菜花""早秋""白唐"即当地人对不同季节捕到的鹌鹑的称呼。

上相、劣相名目

上相与劣相是中国古人根据鹌鹑外貌特征与打斗能力之间的关系对鹌鹑进行的分类，同时古人又将上相鹌鹑以各种既能反映鹌鹑特征，又能反映其争斗本领高低且容易记忆的名号来命名。其取名方式大多类比各种动物，且成书时间越晚的谱录，类比动物越多。从中可以看出当时人们对动物知识的积累普遍增加。大致有以下几类：

①类比神物鸾凤、麒麟等，如丹山凤（长毛绒缕，赤锦烂纹，首尾通身修俊，颈毛振起如凤）；

②类比威猛动物虎、豹、狮、雕、鹰、蟒蛇等，如赤绒豹（毛杂长缕，颈毛则如赤凤，而身短小者）；

③类比常见动物鸾、燕、鹅等，如白燕子（头如燕，嘴下颔如燕，声从颔出，飞而能食）；

④类比祥瑞动物鹤、蟾等，如白鹤翎（色白，其形如鹤，头脚俱高）。

除此之外，还有以身体部位特征命名的上相鹌，如金抹额（顶毛一线老黄如金色）等。[1]

相法中常常有古人记录下的许多很少见的变异，如"十四指：鹌有双足，上累累有十四指者奇""重童（瞳）眼：万中少一"等。这些记录，对今天的生物学研究也有一定的价值。

[1] 完整品相记录可见于本书下篇各《鹌鹑谱》中的记述。

◎

第三节

斗鹌流程

中国古代斗鹌驯养方法及戏斗技法在明清时期达到高峰，出现多部不同版本的鹌鹑谱，下一章将进行详细介绍。除此之外，现今河南、安徽等地区的乡村仍然有斗鹌的习俗，并保留了一部分自古时流传下来的技法。本节结合田野调查及历史资料，对中国古代尤其是明清时期的斗鹌驯养、把玩方法及斗鹌活动流程等进行了细致的介绍，以小见大，借此反映中国古代社会文化风貌及人与自然的互动。

比赛前的饲养：驯其野性，忘其熟狎，饿去浮油

1. 得鹑

古人将未驯的鹌鹑称为"生鹑"，将驯熟的鹌鹑称为"熟鹑"。生鹑来源有两种，一种为得自捕鸟网上的野鹌鹑，另一种为笼中的家养鹌鹑。"生鹑自网上得者易养，自嘈笼中得者难养"，得自笼中的鹌鹑必须"置于空袋中饿三两日"，目的是"驯其野性，忘其熟狎，饿去浮油"，得自网上者则无须此步。此处"袋"是指斗鹑者专门用于装鹌鹑的一种袋子，今人也称为"圈"。袋通体是软质布，下端有硬质的圈笼，材料各异，木质、皮质、骨质、布质都有，但以竹质为多；装饰方法多样，但尺寸形制基本一致[1]。宋代罗愿记载的"平底锦囊"及现藏于故宫博物院的《朱瞻基斗鹌鹑图》中二侍从所持红袋皆为此种袋子；清人陈淏子所著《花镜》中也有描述这种用具："（鹌鹑）置一小布袋，口如荷包而底平，有线可收放者，纳于其中，

[1] 朱纪《雕艺风物四题（上）》中有展示明清时期不同装饰方式的鹌鹑袋。

出入吊于身旁，绝无跳跃闷坏之病。"现今斗鹌地区也沿用此种袋子。圈笼高8厘米左右，底面与手掌大小相仿，呈圆形或圆角矩形，直径10厘米或长14厘米、宽9厘米。较为精致的圈笼由竹片围成，即用一长竹片横向圈起，接缝处做直线曲尺契榫，不易开脱。圈笼两端另包以刻有图案的窄竹边，底边设四足，皆饰纹样，用竹筱固定。口边钻一排小孔以缝制内胆布袋，圈笼无底，便于从底托出袋中鹌鹑；布袋口用线绳绕扎，可别于腰间。

现代三种不同材质的鹌鹑袋

2. 洗把

"洗"即给鹌鹑洗澡，目的是"撒浮脿而去野性也"。"浮脿"即肥肉，笼养鹌鹑往往脿性大，"早洗则油反入腔，先把三四日再洗"。"把"，又叫"拳"，即以单手握住鹌鹑，鹌鹑个头小，恰可以被人以只手握住。以大拇指和食指握其颈，其余三指托其腹，让鹌鹑两腿从指间伸出，持鹑者如按摩一般活动握鹑之手，指头缕鹌鹑头颈部，按揉其腹背部。把的目的即"驯其性情而坚其皮骨"，使其"上场争斗受他鹑狠咬，不畏不伤"。洗时，用温水或淡茶，"毋灌耳毋沸目，只洗透通身毛羽"，以纸或薄布裹于手中，把干。

现代的把鹌鹑手势

3. 微调

"调"，又叫"勾"，是饲养者对斗鹑的训练与调教。"微调"即以数粒或十数粒粟谷引逗饿鹑，待其"出声叫哺，即以食饲之""能抢食是为熟矣"，若不叫则在其头顶鸣哨，"鼓其窍壮其胆"。

4. 饲养

斗鹑食物以粟，即带壳的小米为主，间以青菜、牛肉，与今天养殖鹌鹑的食谱相似。斗鹑体型标准为"对膘"，即"无浮膘，生实肉""不肥不瘦"。为达到这一标准，一是要注意喂食的多寡与时间，"肥则迟喂减其常数，瘦则加粟贴其膘"；"生鹑之食无定数，熟鹑之食最宜均匀"。二是要注意去油，"油"分为外油和内油，外油在项根，内油在嗉底，去油的方法为减食、喂茶、勤把等。

5. 调把

调把乃平时功夫。今日在斗鹑地区，人们常将鹌鹑袋挂于腰间，得闲时便把鹌鹑，但又不能把不释手，"把若久，则谓把过了，反伤其皮骨，不能灵动，故宜勤调"。鹌鹑不服把，称为"滚手"，这往往是因为持鹑者手冷或手指把力轻重不合适。此处调法与微调类似，亦以数粒或十数粒粟谷引其抢食。随手调习数回再把，把久又调，即谓"调把"。调把既久，则放回袋中，任其自己整理羽毛、鼓动羽翼。同时可以令其与其他斗鹑偶尔见面，若"呼奋争先"则为驯熟的表现，但不可常见，"恐狎熟又不肯斗"。

现代斗鹑者把鹌鹑袋挂在腰间

6. 试嘴

选择佳鹑，将其把过五日、七日后，使之与新鹑斗，观其架势；调把三日再斗，若耐咬则可战。

比赛中的鏖斗：最后人不见鹑，只见黑白影逐如梭

斗鹑的场所，古时称为"圈"。圈用木板制成或用柳枝、竹条编成，《朱瞻基斗鹌鹑图》《御花园赏玩图》及明代民间版画中，都可见斗鹌鹑所用的圈，今人有时直接把晒米的簸箕用于斗鹑，但描绘宋元时期斗鹑的画作均未画此圈，可见鹌鹑圈应是在明代才成为斗鹑的固定配置。

程石邻《鹌鹑谱·斗法》记载："鹑胆最小，斗时最忌物影摇动……故斗时放圈下，须人声悄静。"先放数粒粟于圈中，一只食完一只再食，以熟悉环境。待斗鹑食完，各

松毛后，方齐放圈中，用手两边拦住，待见两鹑无惊飞状且有欲斗势时，则撒手。优劣既分，输赢已定，即撒食分开。若相持不下，难分高下，亦撒食分开。

明·佚名《御花园赏玩图》(局部)

图中偏左处明宣宗正与众侍从围着朱红色的圈玩赏斗鹑。图右边朱红色架上挂着两排各色鹌鹑袋，里面为备用的斗鹑。架前有一侍从正取备用的鹌鹑向明宣宗走来，另一侍从正追捕不慎从鹌鹑袋中飞出的鹌鹑。

明代民间版画

图中三小儿正围着鹌鹑圈斗鹌鹑，圈两边分别放着鹌鹑袋和鹌鹑笼。

现代斗鹌活动以簸箕代替专用的圈，将其作为斗鹌比赛场地
图中所示为比赛即将开始之时，持鹌双方正欲松手放鹌开斗。

古人以"斗势"称鹌鹑争斗时的形态，并总结了"十八巧斗"，描绘斗鹌时的精彩场景。两种最好的斗势为"酣斗声最高，毛松两旁，上搠下撒"和"鏖斗目不旁视，逻翅钩尾，不疾不徐"。

浣花逸士《鹦鹑谱全集》所记十八巧斗分别为：

黄鹰捉兔：飞起落敌背嗛之，敌方还口则又飞起，不须久斗即取胜矣，此巧而奇者也。

海青拿天鹅：身小灵敏，飞上大鹌头上嗛之，此巧而灵者也。

燕青巧拿：头伏敌翅腹下，咬其脚指，或从后钻出，嗛敌头目，此巧而诡者也。

蝴蝶穿花：斗时两翅大张，下垂满圈扑咬目与首，此巧而异者也。

蟒蛇背战：此肩立定以项缠不肯放松，嘴嘴正嗛敌目，此巧而恶者也。

单鞭独马：对面相敌，忽转身横立，认定一边脸上狠咬敌即转身，仍复移步照前，此巧而毒者也。

丹凤点头：项高力强，低头向下嗛敌头目，此巧而强者也。

喜鹊登枝：咬紧项口不放松，用爪登敌之嗉，此巧而狠者也。

立马挥戈：脚不移动，嗛敌不能近身，嘴嘴着实，此巧而稳者也。

辕门射戟：对面相咬，用嘴接舌，拿叹或刺敌之颔下，此巧而捷者也。

螳螂捕蝉：形小力强，能借势用力以取胜，此巧而智者也。

金莺扑鹊：一见他鹌先猛力直撞，将敌撞倒，然后咬之，敌纵回口已先惊慌，此巧而勇者也。

鲤鱼跌子：咬紧不放，彼此跌打，此巧而泼者也。

狮子滚绣球：彼此强壮，满圈跌扑、滚打，此巧而悍者也。

二子争环：彼此接叹咬紧不放，此巧而忍也。

狡兔守窟：斗久力乏，伏敌翅腹下以歇其力，少歇又斗，此巧而谋者也。

夺锦穿杨：嘴嘴嗛眼，并不乱咬，此巧而准者也。

紫燕飞食：咬紧下颌，扼紧不放，此巧而横者也。

斗鹌时的精彩场景同样可见于清代的小说与笔记之中，如高继珩《蝶阶外史》卷四载："玉鹌好搏击，每翔起高三四尺，如俊鹘；落一击辄中。阅千百鹌，无与敌者。西贾某，畜一黑鹌，色纯墨，短小精悍，每与鹌遇，张两翼伏地，如燕掠水，啄利如锥，当者辟易。""见玉鹌怒伏以待，黑鹌张两翼伏地，以啄玉鹌膺。玉鹌已受数十创，血殷羽毛，突张两翼，效墨鹌状，往来驰骤，无虑四五百度。

最后人不见鹑，只见黑白影逐如梭。""观者千人皆屏息，啧啧叹赏，以为得未曾有也。玉鹑忽跃起高五尺，突下一击，黑鹑目精已为抉出，垂翅跳去。"笔者观看现今的斗鹑比赛，也同样见识了众多斗鹑的精彩画面，或猛咬、或扑飞、或直撞、或迂回，胜者趾高气扬，败者仓皇逃窜，甚是精彩，知古人所言不虚。

现代斗鹑精彩画面
自上而下，自左至右，分别为双手拦住待斗、跃起、拎嘴、拿叹、猛力直撞（金莺扑鹊）、伏敌翅腹下（燕青巧拿）、上搦、撒粟分开。

比赛后的照料：棉花沾热水轻湿头面，然后洗其通身

1. 养伤备战

浣花逸士《鹌鹑谱全集》记载："斗过必洗，可细细检看伤处，先用棉花沾热水轻湿头面，然后洗其通身。""胜鹌若带微伤，洗养五七日即可斗，伤若重，必要伤疤全愈，方可洗把上场斗也。"关于洗养斗鹌的方法，程石邻的《鹌谱》(汉卿氏点校本)记载了颇为精细的"擎空调打法"，并称其为"密法，轻不与传"。

"擎"即令鹌鹑饱食之后，令其饮浓茶，并先以温热浓茶，后以滚热浓茶洗鹌鹑，泄外油，把干入袋不喂食，大约于斗鹌结束后次日下午进行；"空"即保持不喂食的状态，待其体重减掉一二钱，喂以平时食量的一半，往后恢复常食，擎空大概需三日；"调"即如前所述，以复原二两实膘，膘对则第七日可以再战；"打"即待"空"结束后，"五更初自然饲食十数粒，调之下堂粪，粪后令食谷五七粒，用手轻轻引打，教习轻身，训练身法，畅达腿足。久打使鹌少成习惯，临斗气不喘。如鹌用重嘴咬手，即饲谷三五粒，缓其气，壮其雄心，豁其胆，如此再打，总以千斗为止。第二五更时，引打两千斗工夫，第三日再添打。如初七日咬，是日五更不引打，预为留力。天明上场"。从擎空到调把、引打到可以再战至少需要七日，所以又称"七日一转"。

2. 败鹌回法

回者，"转败为胜也"。回法相当复杂。先于当晚酒拌粟喂至半饱，把之化净，此时鹌微醉，"抖毛打跌"。再取温淡酒一杯，洗其头颈，向它吹一口气，指沾酒滴鼻嘴上三次，后用温水洗遍全身，嗉下用指沾取热水连浇七次，则"项不缩"。接着两旁各吹三哨，颔下三哨，脑后可三哨，但切忌头顶吹哨，而后把干或微火烘干挂柜中暗处，经过一夜，食尽跳跃不止者妙。次早照常调把，过五日、六日、七日试嘴，若再败则不能再斗，称为"滑桶"。

3. 笼养好鹌

佳鹌难得，所以需要笼养，以备来年再战。各鹌谱对笼养好鹌的方法都叙述得颇为详细。

笼可用"椒木圈一个宽约四寸径过尺余的圈，下安木底，口结细网，上加布顶，顶如荷包抽口"，或用"大葫芦做成瓢口，长宽六七寸，与瓢口等大竹圈两个结线网于其上。瓢旁开小孔，挂槽注水"。笼底铺干沙土寸许，防止脚爪受伤。

喂食也非常讲究。"春初常以带泥沙土青草与之啄嗛，仲春之后食以猪项内之猪胰，则脱毛甚快，至五六月食以捣碎之麦豆，则筋骨更坚"，又"啖以蜘蛛、苍蝇、胡蜂子、牛粪中蛆，攻其毒，助其狠"。悬挂之所也要注意，"宜低近人，则喧哗习惯胆气自壮，伏中晓日初升，略晒片时即移挂凉处，伏中微雨令其微湿毛羽，遇十分酷暑，则喷凉水于沙内，听其滚刨，交中秋以后，时常向阳晒之，晴悬露天，雨挂檐下"。养之得法，"五六月间必然换毛，八九月间换毛已齐，十月间看其翅尖老羽俱满"。

4. 出笼调驯

斗鹑出笼时不可猛取，以防其惊慌伤到毛羽脚爪。可于三日前减食不减水，令其精神消减，再从容取出。如果斗鹑嘴角皱，可用棉裹脚浸醋，过一夜去棉，用水洗净，皱鳞尽落；嘴则用小刀或磁瓦轻刮。斗鹑出笼，调把过十几日，才可与新鹑试嘴。

* 　* 　* 　* 　*

　　余读《莅经》，诸所载鱼虫鸟兽
颇详，每欲一一穷其情状，而素性尤
喜鹌鹑，爰广辑旧闻，参以时论，汇
成一编，以俟博物君子。

　　　　　——金文锦《四生谱之鹌鹑论·序》

第三章

鹖谱——探微中国古代动物专谱

[1] 后有刻本称"叱石翁著"。

　　明清时期不仅是斗鹌活动最为繁盛的时期，还出现了反映斗鹌具体内容的专著——鹌谱，目前可见最早的鹌谱可能出现于明代后期。目前流传较广的有程石邻《鹌鹑谱》[1]、金文锦收入《四生谱》的《鹌鹑论》和浣花逸士的《鹦鹑谱全集》。此外，还有一些比较少见的鹌谱。本节笔者将对国内现存的多本鹌谱进行对比分析，梳理出其在明清时期的流传情况，并对其中所蕴含的生物学知识和人文思想进行一定的挖掘和阐释。

◎ 第一节

明清时期鹌谱流传情况

张弘仁《鹌鹑谱》

张弘仁《鹌鹑谱》抄本现藏于国家图书馆[1]，序后署名"灵囿苑少监张弘仁撰"，不著成书时间。但同藏于国家图书馆的《贾秋壑蟋蟀谱》奎章阁刻本正文前注明"明灵囿苑少监张弘仁重校订"，由此可见，二书著者可能为同一人，且两谱录性质相似，故推测《鹌鹑谱》成书于明代后期，是目前可见的最早的斗鹑专著。《鹌鹑谱·序》中载其成书缘由："无双士千里驹余不得而见之矣，得见鹑之绝伦者乎，故备载物色兼畜驭之法以成一帙，后之观善得其意焉。"序后附朱笔绘制的两幅鹌鹑图，一为静止状，一为展翅欲飞状，并标明鹑之身体各部位名称，画工精细。

程石邻《鹌鹑谱》

程石邻《鹌鹑谱》是目前可见的有确切成书年代的较早的斗鹑专著，该书可能成书于1670年。其后康熙三十六年至三十九年间（1697—1700）刊刻的《昭代丛书》卷三十七收录了该书。后来，该书又有嘉庆年间汉卿氏的点校本，以及道光年间吴江沈懋德世楷堂刻本。1915年，文明书局又重刊了《鹌鹑谱》。

《昭代丛书》收录的程氏《鹌鹑谱》没有注明刊刻年代。中国科学院自然科学史研究所藏的汉卿氏点校本稿本题名《鹑谱》，分上下两卷，首卷第一篇序后署"庚戌一阳月练水石邻程子漫识于啸云别业"，可知原书成书于康熙九年（1670），第二篇序后署"嘉庆壬申蒲月汉卿氏校改于金城出纳科中"，可知校改本抄于嘉庆十七年（1812）。这个汉卿氏可能是一个金城（今兰州）当地人或在那里工作的学

[1] 中国嘉德2014年秋季拍卖会拍卖了一部刻本《鹌鹑谱》。从当时披露的内容来看，虽然文字略有差异，但基本可以判定该刻本与现藏于国家图书馆的《鹌鹑谱》是同一种书，且不知这两个本子孰先孰后。

者。道光年间,《昭代丛书》汇补,道光二十九年（1849）刊刻的《鹌鹑谱》被收录入《昭代丛书·别集》中,其正文前注明"张潮（山来）、张渐（进也）同辑,吴江沈懋德（翠岭）校,新安程石邻（令章）著"。

程石邻在《序》中记述其成书缘由:"余偶于笔墨之余,闲搜秘笈,检得此谱,由昔时抄自内府者。嗣访诸家,间有藏留是编,率皆传写混讹,鲁鱼莫辨,复字句鄙俚,未足为法。兹因精为裁订,广为稽求,文以青黄,正其讹伪,俾好事者暇时翻阅。"可见,程石邻已经见过前人写的鹌谱,他的作品是在前人基础上充实订正而成的。汉卿氏亦记其点校缘由:"余偶于残籍堆中捡的《鹌鹑谱》一牒,细阅遍,知为程子石邻所著。原本抄自内府,加以访求裁定,凡名相调养各法无不备载,余复为参校,用付剞劂。"

可以肯定的是,在沈懋德的世楷堂重刻《昭代丛书》、校程氏《鹑谱》时参考过汉卿氏的版本。汉卿氏本下署"汉卿氏又识"的一段文字"余言谱中所载,百法大备,然言有未尽而理或难穷。凡调养有寒暖之时,而争斗有先后之节,又在临事推其转变,当场相其权宜,且鹑间有上相而转劣,或无相而反优,此又格可常定而法难执一者也。惟俟博物君子充夫法中之意,搜其格外之奇,以补是谱所未及焉"一字未改出现在沈氏刻本的文末。

除此之外,沈氏刻本中所载部分歌诀及注解与汉卿氏本略有不同,如"相法"中关于眼的歌诀,汉卿氏本为"眼要精神朗如椒（目珠明朗,各要分明,最忌混浊,红上黄次,瞳子二点精神）,红若珊瑚忌莫要。圆满将军灵秀巧,绿珠鬼眼且慢抛",沈氏本为"凹眶珠突朗如椒,红若珊瑚忌混淆（目珠明朗，最忌混浊，红上黄次，瞳子二点精神）。圆大将军灵秀巧（作将军则宜圆大，灵秀只可作巧斗）。绿珠鬼眼莫全抛（绿珠俗谓绿豆眼，谚云：十绿九不咬，肯咬即是宝。鬼眼其珠碧色，转动不定，此二者俱不肯斗，斗则佳）"。可见沈氏本歌诀更加精确，注解也更加详细丰富，应是在校订时经多方参考后的择优选择。

金文锦《鹌鹑论》

金文锦的《鹌鹑论》，与《促织经》《黄头志》《画眉解》各一卷合并入《四生谱》。《鹌鹑论·序》末注明"康熙乙未仲秋"，可知其作于康熙五十四年（1715），于康熙乙未或丙申年间刊刻，后又多次重刊。今见《鹌鹑论》有清音藏版，以及同文堂、文经堂、经纶堂多家刻本，另有道光十五年（1835）手抄本。作者姓名于书首，或题"金文锦撰"，或题"金先生著"，或不着一字。国家图书馆另有一单册《鹌鹑论》刻本，该刻本序后附六幅斗鹑图，画工粗糙。《续修四库全书·子部·谱录类》收入康熙年间刻本，不着编者名氏，其序中记其成书缘由："余读《蓺经》，诸所载鱼虫鸟兽颇详，每欲一一穷其情状，而素性尤喜鹌鹑，爰广辑旧闻，参以时论，汇成一编，以俟博物君子。供闲暇之清鉴，助寂寞之笑谈。"

张成纲《鹌鹑谱》

国家图书馆藏有乾隆五十九年（1794）张成纲手订本残本，题名《鹌鹑谱》，首页书"乾隆五十九年八月初七日张成纲手订，道光九年九月十有八日护国寺买"。该本仅记载相法三十口诀与说明及养法，当为残本。

浣花逸士《鹌鹑谱全集》

　　浣花逸士《鹌鹑谱全集》作于道光五年（1825），文末跋后署"道光五年……浣花逸士跋于和逊书屋"。《续修四库全书·子部·谱录类》收入道光五年和逊堂刻本，正文旁另有大量批注。《鹌鹑谱全集·跋》中述其缘由："乙酉冬闲居，无可排闷，检点败簏得《鹌鹑谱》一帙，论法甚善，而未能精详。因思世人之好此戏也久矣，往往得奇才而不能调驯，临大敌而不能从容，是重可惜也。爰是不揣固陋，参之臆见，稍加更订，纲举条目，分析缕定，以备参者，越旬日而告成。"另有三韩保征远亭氏的序，赞此谱："光怪陆离，伐毛洗髓，不惟用心甚细，而且格物入微。不惟知物理之深，而且悟世情之变。今而后，此谱一出，鹑之高下可以识矣。世之斗鹑者得其秘诀矣。"此本收录了张弘仁《鹌鹑谱》大部分内容，但在编撰顺序上进行了一定调整，也收录了张成纲《鹌鹑谱》三十歌诀，但未收录歌诀说明，此外又补充更加详细的斗鹑养饲各法，可以说是在上述两书基础上加以充实、重新编排而成的一部作品。

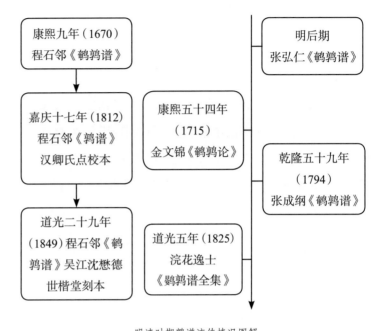

明清时期鹑谱流传情况图解

第二节

鹌谱中所体现的生物学知识

鹑谱是中国古人对鹌鹑认识与斗鹑饲养训练方法的总结，体现出相当丰富的生物学知识以及古人对自然、对动物的看法。流传至今的鹑谱，虽然编排方式略有不同，但大体包括以下几个方面内容：①鹌鹑的起源及自然习性；②关于斗鹑外貌的描述、鉴定及对其躯体结构功能的认识；③斗鹑的饲养方法；④斗鹑的训练方法；⑤比赛方法及注意事项；⑥斗鹑对阵的行为。其中对鹌鹑外貌的描述鉴定、饲养方法与训练方法占了绝大部分篇幅，显示出鹑谱以实用为目的的特征。

对鹌鹑躯体结构与功能的认识

张弘仁《鹌鹑谱》中绘制了两幅精细的鹌鹑身体各部位说明图，其所标出的各部位与各鹑谱所记载部位划分相差无几，显示出古人对鹌鹑观察的细致，以及对鹌鹑身体部位的划分已经形成标准化模式。

前文已提过，鹑谱大体将鹌鹑的躯体分为头、冠、顶、嘴、鼻、眉、眼、耳、脸、叹、须、舌、颔、颈、嗉、胸、翅膀、背、尖、尾、大腿、小腿、爪、掌、指等部位，这些部位主要根据鹌鹑的身体构造及羽毛分布情况进行划分，以今天的眼光来看也是基本合理的。

古人认为羽毛是判断斗鹑素质的重要识别标志，称"毛为一身之主"，所以对斗鹑羽毛的色泽及质感尤为重视，不同品相的斗鹑的主要区别就是羽毛。现代生物学也认为羽毛确实能在一定程度上反映鸟类的身体状况。同时，鹑谱还注意到"身毛"与"边毛"的不同，即现代生物学中"正羽"和"绒羽"的区别。

不过"毛为一身之主"的观点在中国古代社会发展后期有所变化。浣花逸士《鹌鹑谱全集》认为鹌鹑的筋骨状况比其羽毛状况更适合用于判断其整体素质，"取筋骨而不取毛肉""若夫筋骨胜者，无论长大与扁，即小与圆亦属可观，即当首取"，这也符合现代生物学观点。

鹑谱还注意到鹌鹑换羽的现象。程石邻的《鹌鹑谱》记载："若养有好鹑，已斗过时，岂肯放去，必作笼畜之。"对于这种笼养好鹑，《鹌鹑谱全集》观察到其"五六月间必然换毛，八九月间换毛已齐，十月间看其翅尖老羽俱满"，此处记载的即鹌鹑夏羽向冬羽的转换现象。

除了羽毛，鹑谱对于鹌鹑躯体其他部位的变化也有仔细的观察，尤其注重个体差异性，比如观察到鹌鹑眼睛虹膜颜色的变化、重瞳现象、六指现象等，这与西方的生物学、博物学著作较为关注物种间的差异形成对比。

对鹌鹑不同生长发育阶段的认识

对幼鸟、亚成鸟、成鸟的分辨是鸟类识别的难点之一。鹑谱对幼鹑、成鹑的辨别也有所记载，并且认识到环境对鹌鹑的生长发育有重要影响。

汉卿氏校注《鹑谱》论下："卵生者，鹑卒也，三四月而生，是为罗鹑，及秋，毛托白堂，此系本年嫩鹑，多不耐咬。""卵生者，鹑卒也"这一观点来源于《本草衍义》，表明了鹑的繁殖方式为卵生，并且从卵里出来的小鹑即为鹑的样貌，故称小鹑为"鹑卒"。"三四月而生"表明了鹑的繁殖时间；"罗"意为稀疏有孔，表示此时鹑的毛为稀疏的雏绒羽；"及秋，毛托白堂"，"堂"同"膛"，指鹑的腹部，此时鹌鹑经过雏后换羽长出蓬松纤细的稚羽，托在膛下，多为白色，即鹑谱所称"狐狸毛"，这也是古人辨别鹌鹑亚成鸟与成鸟的关键标志之一。

浣花逸士《鹑鹑谱全集·四时捕鹑论》对不同季节捕捉的野鹌鹑有不同称呼，"正二月捕荠花，三四月捕菜花，五六月捕麦查，七八月捕早秋，中秋后捕白唐雏。九月九白唐满也……十二月捕雪花"。其中"荠花""菜花""麦查""早秋""雪花"为对应季节及其物候现象的鹌鹑名称，"白唐雏"到"白唐满"暗含了鹌鹑从稚羽到第一基本羽的换羽过程，此处记载为"唐"而非"堂"可能是记录人通过他人口述时因同音字致误。

除羽毛外，鹑谱还通过鸣叫声音、鼻色等对亚成鸟与成鸟加以区分。"鹑声啾啾若小鸡鸣不已者""鹑鼻二点若麦皮色"皆为"嫩鹑"。

鹑谱注意到野生环境下的鹌鹑与家养环境下的鹌鹑具有明显不同的身体素质。"生鹑自网上得者易养，自嘈笼中得者难养"，针对这一不同，鹑谱也记载了相应的补救措施。对于笼养鹌鹑，"必置于空袋中饿二三日""驯其野性，忘其熟狎"和"饿去浮油"等。

对鹌鹑起源的认识

对于鹌鹑的起源，传统的历书认为，鹌鹑由田鼠或蛤蟆变化而来。《夏小正》记载"三月，田鼠化为鴽"[1]。《淮南子·齐俗训》也有"虾蟆为鹑"的说法。所以在《尔雅注疏》中，邢昺诠释"鹑"的时候，认为鹑有"田鼠所化"与"虾蟆所化"两种说法。

[1] 夏纬瑛.夏小正经文校释[M].北京：农业出版社，1981：70.

宋代以前，鹌鹑"化生"的说法一直为人们对鹌鹑起源的主流认识。宋代寇宗奭《本草衍义》根据自身观察指出其谬，认为"鹑有雌雄，从卵生，何言化生？……尝于田野屡得其卵"[1]。此后关于鹌鹑"化生"与"卵生"的问题一直为历代文人学者所争论。如明代学者冯复京在《六家诗名物疏》中罗列了历来众家对鹑的解释后，表示认同《本草衍义》的说法，同时不否认传统历书的说法，并得出"鹑本有雌雄卵生，亦或有化为者"的结论。李时珍在《本草纲目·禽部》中认为"鹑始化成，终以卵生"，并用化生理论解释鹑的药性："鹑乃蛙化，气性相同，蛙与虾蟆皆解热治疳，利水消肿，则鹑之消鼓胀盖亦同功云。"[2]清代屈大均《广东新语·禽语》记载"鹑……始由虾蟆、黄鱼化，终以卵生"[3]等。

这一争论同样在鹑谱中有所反映。程石邻《鹌鹑谱·原始》载："鹑之为鸟，不种不卵，盖化生也。"但是到清嘉庆年间，汉卿氏对这一看法再次提出了质疑，在《鹑谱》中将"不种不卵，盖化生也"改为"不种有卵，亦化生也"，并接着写道："雄斗雌不斗，既有雌雄，岂无卵生。卵生者，鹑卒（小鹑）也。"浣花逸士作于道光年间的《鹦鹑谱全集》同样认为鹌鹑"变化多端，终以卵生为是矣"。

"不种有卵，亦化生也"或"始由化生，终以卵生"是一种将自然观察的结果与权威经典说法相中和的表述。这一表述在明清时期尤多，显示出明清时期人们在对动物的认识和解释的过程中批判精神的增加，以及当时人们在记录时逐渐依赖于自然观察和亲身驯养经验；同时，也显示出崇古思想深入中国古代社会的各个阶层，迷信前人旧说，

[1] 寇宗奭.本草衍义：卷16[M].北京：人民卫生出版社，1990：113.

[2] 李时珍.本草纲目校点本：第4册[M].北京：人民卫生出版社，1981：2623.

[3] 屈大均.广东新语注[M].广州：广东人民出版社，1991：467.

使"化生"这一权威经典解释成为中国古人观察、记录和解释自然时迈不过去的一道坎。

对鹌鹑迁徙现象的认识

前文提到，分布在中国的鹌鹑主要有两个种：蓝胸鹑是中国南方地区的留鸟；鹌鹑分布于中国东北地区及新疆、河北（北部），为夏候鸟，迁徙时几乎遍布全国。

上述鹑谱已经较为正确地认识到鹌鹑迁徙的现象。我国古人很早就观察到鹌鹑迁徙现象，但长久以来都是以"由田鼠或蛤蟆变化而来"这样的观点解释；到明清时期，程石邻《鹌鹑谱》明确记载鹌鹑"夏则北向，冬则南向，避炎寒也"的迁徙现象并给出正确的原因解释，汉卿氏校注时进一步补充鹌鹑"喜暗惧明"，浣花逸士"日伏于草棘之中，夜集于沙邱之上"都是对鹌鹑夜间迁徙现象的进一步观察。

我国古人还观察到了笼养鹌鹑的迁徙兴奋现象。金文锦《鹌鹑论》中对笼养野鹌鹑的饲养有"鸳本田鼠，食蚕月月气而化，亦食蚕月月色而死，故至蚕月当避月色"的记载。蚕月是农历三月，正是鹌鹑开始向我国北方地区迁徙的时间，此时候鸟夜间会表现出兴奋性，笼养的候鸟夜间也会朝着迁徙的方向振翅并跳跃。现代生物学通过置于笼内的自动记录仪发现，候鸟在迁徙期仅在日落后很短的一段时间内睡觉，直至午夜都是朝着迁徙方向不断振翅并跳动，午夜以后其活动频次才会慢慢减弱。[1]古人很可能是观察到了这一难以解释的现象，故借助"化生""月气"尝试说明。需要注意的是，虽然这一解释不符合现代科学

[1] 夏纬瑛.夏小正经文校释[M].北京：农业出版社，1981：70.

原理，但从古人借助自然解释而非神鬼解释这一表现中，已可以看出当时人们思想中的科学性。

饲养训练中对鹌鹑生态习性的运用

训练斗鹌与饲养食用鹌鹑相比，需要养殖者对鹌鹑本身的习性有更多的了解。如果对其习性不了解，不加以恰当的训练，就无法得到能争善斗的好鹑，故程石邻《鹌鹑谱》序中即言"知时饮啄而调性情"。浣花逸士《鹦鹑谱全集》也记载了一个未用正确方法训练斗鹌从而失败的例子："友人送二鹑，状甚伟，装之绣袋，饲以谷粮，窃以为神骏矣，乃置于圈，闻声而惊，使之敌，弃甲而走。是岂鹑之不善哉？亦未有以驯之养之耳。"可见训练方法对于斗鹌的重要性。

首先，选择鹌鹑作为戏斗动物就是基于它的自然习性。古人很早就注意到鹌鹑争斗的现象，至迟到宋代已经有雄鹌鹑好斗的明确记载。程石邻《鹌鹑谱·原始》中也明确记载以鹌鹑为戏斗动物的重要原因之一是"类聚伙彙，畏寒贪食，故易为人所驯养，玩弄于股掌中"。鹌鹑性情胆小，平时较为少见，唯有在迁徙季节会集群迁徙，即聚在一起结伴而飞，形成比较大的目标，易被捕捉。而在迁徙的过程中，鸟类要摄入充足的食物以支撑体力，所以一旦在途中遇到食物，它们便会大量补充，即"贪食"，从而易被人类引诱。

其次，在斗鹌活动中，鹌鹑最重要的争斗环节也是基于对其自然习性的利用。鹑谱的作者们认识到限制性资源是竞争的先决条件，有限的食物会引发雄性鹌鹑之间的斗争，而充足的食物可以中止这种斗争，这对人为控制斗鹌活动的进行提供了可能。鹌谱中记载"鹌之斗，食诱之也，争食则斗"。"先放粟数粒于圈中，食完之时各使松毛，然后齐放"，即用有限的食物激发出鹌鹑的斗性。"优劣既分，输赢已定，即下食分开"，乃是用充足的食物结束比赛，以防对鹌鹑造成过大的伤害。

同时，在斗鹌的训练过程中也是通过控制资源激发和保持斗鹌的斗性。"食饱不斗""每日食将把完，用指拈粟数粒圈中，引斗或击其尾或拨其肩，令左右盘旋随手而转，则精神鼓舞腿脚活动矣"。不喂全饱、喂食时间不定等都是通过在数量上和时间上对资源的控制来提高鹌鹑的竞争能力。

汪子春在对清代《鸡谱》的研究中曾经提到过"在养鸡场地上铺垫沙土，更是我国养鸡史上的创举"[1]，这在同为鸡形目雉科的鹌鹑的饲养中也有所体现。浣花逸士《鹌鹑谱全集》载"笼底铺干沙土寸许"，一方面可以适应鸡形目鸟类沙浴和吞沙砾的生态习性，有助于驱逐其体内寄生虫和消化，另一方面也保护鹌鹑脚爪免受伤害。

[1] 汪子春.《鸡谱》中关于鸡之饲养管理技术：《鸡谱》研究（二）[J].农业考古，1986（1）：391-395.

现代鹌鹑笼
底部铺沙土，以防伤害鹌鹑足底；留一小孔以供饮水。

鹑谱中还有诸多饲养要诀，显示出古人对鹌鹑习性观察的细致以及在实际养殖中的运用。比如"伏中微雨令其微湿毛羽，遇十分酷暑，则喷凉水于沙内，听其滚刨"的降温方式与鹌鹑的自然习性相一致；饲喂时"春初常以带泥沙土青草与之啄嗛，仲春之后食以猪项内之猪胰，则脱毛甚快，至五六月食以捣碎之麦豆，则筋骨更坚"，又"啖以蜘蛛、苍蝇、胡蜂子、牛粪中蛆，攻其毒，助其狠"也尽量与野鹌鹑食物保持一致，这与食用鹌鹑的饲料截然不同。

　　古代食用禽类的饲养中有一种强制换羽的方法，是通过人工拔去飞羽和尾羽并配合其他管理措施，以缩短换羽期、提高产卵率。有人试图将此种方法用于斗鹑的饲养中，"拖[1]毛之初，先将边翅拔去三两根，以利速为出笼"。汉卿氏斥责此类有意破坏鹌鹑自然习性的人为"不善养鹌者"，并表示"毛羽未满，气血焉能长足"。可见，古人已经注意到不同于食用鹌鹑，对斗鹑的饲养要更加注重遵循其本身的自然习性。

[1] 同"脱"。

◎

第三节

鹑谱中所反映的人文内涵

及风气变化

仁心及物

　　"仁"是中华民族的精神核心之一，不仅体现在人际交往上，也体现在人对待动物的方式中。鹌谱多次强调"仁心及物"，对于败鹌，不仅"勿杀"，而且"犹饲""或仍养饲之，或养好纵之飞去皆可，切勿因其败减食致死，俱成罪过"；对于"不堪调把"的"劣鹌"，鹌谱记载要"放之飞去，任其遂生，切勿仍留养之，或饿死或误死，皆成罪过"；对于"将下色鹌或败鹌养肥，以充口腹者"，鹌谱称之为"无仁心之忍人也"，并认为"既欲养以用其力，又复杀之食其肉，必犯造物之忌，终身不遇名鹌"。遗憾的是，这种提倡，随着斗鹌风气的减弱，逐渐变成了一纸空文。

格物致知

　　自宋代理学推行以来，尤其是朱熹"格物致知"理念的弘扬，"格物致知"日益成为古人观察自然、记录自然的重要缘由和说辞之一，这在鹌谱中也有很明显的表现。汉卿氏校注本《鹌谱·跋》中就将斗鹌与赌博相区别，认为"凡天地山川、霜露日月以及草木虫鱼，皆足以供书写。当夫良朋雅集、花前月下、酒后茶余，取是而较胜焉，其必开人神智，而使用心于无穷，良有益也，岂与博弈呼卢（赌博）相雄长哉"。浣花逸士《鹦鹌谱全集·序》中称赞此谱："光怪陆离，伐毛洗髓，不惟用心甚细，而且格物入微。不惟知物理之深，而且悟世情之变。"《鹦鹌谱全集·跋》中进一步声明做此谱的缘由为"观象穷理参禅"而非"玩物丧志"："予之订此谱亦将以观象者穷理，而以穷理者参禅，谁谓非偶然性灵智慧之所见端乎？倘曰玩物丧志也，则吾岂敢。"

风气变化

程石邻的《鹌鹑谱》本作于康熙年间，在其序中又言该谱抄自内府，母本可能作于明代。1421年明成祖朱棣迁都北京，程石邻又为安徽北部人，所以谱中内容可看作是对明末清初北方斗鹌情况的反映。其在"养斗宜忌"中说明养之具、斗之地为"锦袋绣笼""曲房暖阁""精室晴窗"，并说"随从童仆，皆善调把，亦养鹌之一助也"，另有"裘马豪俊（斗鹌鹑人最要豪爽，一呼百万，意气凌云。走马斗鸡之辈，长安游侠之徒，是所宜也，寒酸猥琐之流，殊不相合）""义气周贫（有贫贱人，借养鹌斗鹌以资生者，又当破格，而周给之）"，可见当时至少有三类人参与到斗鹌活动中来，一为有童仆的富人阶级，二为豪俊游侠，三为贫民穷人。其中前两类以斗为乐，第三类则是为前两类人服务，"养鹌斗鹌以资生"。可见明代时北方斗鹌主要是王孙贵族的游戏[1]。谱中另记"当场赖采（注采夺标，豪兴事也，若当场与人争论，恶俗之极）"，可知当时斗鹌活动虽已有赌博的性质，但却为"豪兴事"。

《四生谱之鹌鹑论》成书于康熙年间，其序中说"今俗尚雅好鹌鹑""高人逸士，有时煮茗、焚香、弹棋、酌酒，风花雪月之趣，鼓动生机，自兹豪兴有托，岂独遗一鹌鹑哉"。如前文董其昌《画禅室随笔》所述，斗鹌活动也是江南"太平清事"。可见至《四生谱之鹌鹑论》所作的时代，至少在部分地区，斗鹌活动还被看作一种清雅之事。

汉卿氏本校改于嘉庆年间，其序中记："吾愿斗鹌者偶

[1] 巫仁恕的《优游坊厢：明清江南城市的休闲消费与空间变迁》中也引用谢肇淛《五杂俎》和姚旅《露书》中的材料说明"投入此风者，大多是'王孙、士人'之类"。

尔游戏，毋伤大雅，胜负虽判，喜怒莫形。庶几著斯谱者可告无罪于天下。并凡畜斗物者，皆当阅斯谱准斯说也，厚望深深焉。"可见当时斗鹌活动已经从一种尚雅的活动变成了一种有点不雅的游戏，并且戏斗之风并不好，喜怒形于色者居多，才会有作者这句"厚望深深焉"。

浣花逸士《鹦鹑谱全集》的道光年间版本，其跋在最后特别强调"予之订此谱亦将以观象者穷理，而以穷理者参禅，谁谓非偶然性灵智慧之所见端乎？倘曰玩物丧志也，则吾岂敢"，旁更有批注"玩世丧德，玩物丧志可不戒乎"，可见当时斗鹌活动名声和风气更差，已经成为玩物丧志的代名词。

从鹌谱中对斗鹌活动的态度可以看出，从明末清初到清中后期，斗鹌活动逐渐从休闲时的豪兴游戏与风雅活动，变成了丧德丧志、被正统批判的败家游戏。有方志记载，清代斗鹌赌博活动大大流行，涉资千金，多有为之破家者。《大清历朝实录》及《钦定大清会典则例》记载了自雍正年间后数条关于斗鹌鹑的禁令，嘉庆时期还有一份"盛京刑部为斗鹌鹑赌博之壮丁束凌阿枷号期满杖责交旗管束事给盛京内务府咨文"，显示当时参与斗鹌赌博的犯人要受枷号与杖刑的惩罚，这也与鹌谱所反映的态度变化相一致。

◎

第四节

戏斗动物谱录在中国古代
生物学史研究中的价值

西方科学在社会上获得合法性地位之前，大多是以哲学的附庸、贵族的游戏或者巫术的形式存在的，那么以一种假设性的眼光去看，中国古代是否有从对戏斗动物的研究中发展出对生物的专门性研究的可能？如果有，那又是什么阻碍了其发展？本小节将仅以斗鹌与鹌谱为例进行一点论述。

需要说明的一个观点是，中国古代形成的对戏斗动物的专门研究与专门著作是中国古代动物学的重要门类之一，以对鹌鹑的研究为例，主要体现在以下三个方面。

第一，在戏斗动物的研究中，鹌鹑完全被还原到了自然物的状态，与其人文内涵完全剥离。这在文学和经学领域中是不可能实现的。

第二，早期进行斗鹌活动的人群中，有部分是文人阶层，他们一方面参与娱乐活动，另一方面融入了自己的哲学思考，这很有可能促成如奥地利哲学家埃德加·齐尔赛尔（Edgar Zilsel）所说的"技与艺的结合"[1]，尤其是明朝统治者的喜好促成这一研究的深入。这在农学和药学方面是难以实现的。

第三，在这些著作中已经可以看到在描述性语言之外的解释性语言，并且会就一些问题进行争论。

虽然这些原因使得中国古代生物学史有可能以对戏斗动物的研究为契机，进行一定的发展，并有可能构筑一个更为系统性的生物世界的框架，但是在中国当时的社会中这种可能性还是极小，原因有三。

其一，动物研究的价值还是太小。中国近代生物学是随着"生物学能够服务国家"这样的意识的产生而以极快

[1] 齐尔赛尔率先提出，并认为资本主义的兴起直接导致高级工匠与学者之间的社会互动，其核心指向是因工匠与学者之间的互动而产生了近代科学。

的速度兴起和发展的，本质上还是与中国传统农、医、天、算四大学科体系重视实用价值的特点相一致。

其二，虽然斗鹌活动与文人阶层有关，并找到了自己与正统价值相契合的地方，但还是为大多数正统学术大家所不齿，所以难以实现哲学与生物学的交汇。

其三，明清易代使得斗鹌活动的地位发生了根本性的改变，彻底从一种文化性质的活动变成了赌博性质的活动，完全从一种至少部分是以格物致知的态度来看待的活动变成了彻头彻尾的为了金钱或者娱乐进行的活动。在鹌谱著作中，解释性描述变少，思考的部分变少，直接应用价值的训练方法和判断方法增多，这阻断了从对鹌鹑的思考向对整个动物界的思考扩展的道路，使得鹌谱仅仅是一种经验性的工具用书而已。

* * * * * *

天上纪星曾取象，诗中托兴久知名。
鹍鹏虽大那能似，空自骞腾上太清。

——黄仲昭《败苇鹌鹑》

第四章

悬鹑——文学中的鹌鹑形象

　　鸟类是中国古代诗歌中的常客，鹌鹑也不例外。然而在不同时代，鹌鹑在诗歌中的形象却发生了巨大的变化。在汉代的诗歌"凤皇不翔兮，鹑鷃飞扬"中用来比喻无德无才的小人的鹌鹑，到了明代却摇身一变，"鸥鹏虽大那能似，空自骞腾上太清"，成了鸥鹏也比不上的好鸟。这种变化是如何形成的呢？本章即围绕这一问题展开分析。

　　本章将以汉代到明代涉及鹌鹑形象的诗词为主线，分析诗歌中鹌鹑形象的变化情况及原因，重点在于通过对这种变化的发现与研究探寻古人在诗歌中所蕴藏的自然观。本部分的研究对象一是以鹑为自然景观看待的诗作，二是以鹑为文学象征体的诗作，至于与斗鹑活动有关的诗作，在前几章已有分析，本章将不再提及。

　　通过本章的论述，笔者得到一个重要结论：仅从涉及鹌鹑的诗歌来看，宋代诗歌中体现出一种把自然当自然而描绘的自然观，此种自然观最符合现代科学精神，而汉代、唐代及明代的诗歌则更偏重于展现鹌鹑的文学象征意义。鹌鹑在诗歌中的形象因人类所处社会环境的不同而具有非常大的差异，想要不戴有色眼镜看待自然困难重重。

第一节

凤皇与�鹆

除去《诗经》暂且不提，在诗歌界初登场的鹌鹑是一种平凡、灰暗的小鸟。这里的"灰暗"和"小"，不仅是说鹌鹑的个体小，而且是一种拟人化，是在道德和才能上的贬低。

"鶪"，清代段玉裁《说文解字注》说："鶪，雀也。"汉代王褒在《九怀·其九·株昭》中用"凤皇不翔兮，鹌鶪飞扬"来感慨世道大乱，这里的鹌鶪被比喻为无才无德的小人，与明君圣人的象征凤皇相对比，表达出作者对当时世无明君、奸小当道的愤慨。

三国时期魏国诗人阮籍《咏怀》诗，也运用了相似的对比，只不过把凤皇换成了玄鹤。

于心怀寸阴，羲阳将欲冥。挥袂抚长剑，仰观浮云征。云间有玄鹤，抗志扬哀声。一飞冲青天，旷世不再鸣。岂与鹌鶪游，连翩戏中庭。[1]

阮籍抚剑仰望天空，看见志向远大、节操高洁的天鹅。天鹅对世道失望，不愿与没有底线的庸人和小人同流合污、同处一庭，于是一飞冲天、旷世不鸣。这里，玄鹤用来比喻有才有德之人，与之相对，鹌鶪则用来比喻无才无德的人。

到宋代，鹌鶪与凤皇的对比仍然有所应用，只不过这时王朝内部局势相对和缓，鹌鶪不再用来讽刺小人，而成为对个人自身的谦称，比如梅尧臣在《永叔赠绢二十匹》中感谢朋友对自己的接济，将对方比作凤皇而自比于鹌鶪："凤皇拔羽覆鹌鶪，鹌鶪幸脱僵蒿蓬。"表示自己正是在对方的帮助下，才能度过困境。

鹌鶪不是唯一的小鸟，古人为什么要用鹌鶪来比喻小

[1] 逯钦立.先秦汉晋南北朝诗：魏诗：卷10[M].北京：中华书局，1983：500-501.

人呢？从"飞扬""连翩""戏"等词中我们可以想象，当一群鹌鹑、麻雀聚在一起的时候，它们不是有秩序地安静活动，而是互相打斗，尘土飞扬，若将这些小鸟比喻为互相争权夺利、阴谋暗算的小人，可谓形象至极。可见古人在那个时候已经认识到鹌鹑、麻雀好斗的习性，并且把自身的观察结果应用到诗歌创作之中。

◎

第二节

悬鹑、鹑衣与鹑居

除了是小人的象征，鹌鹑因其被羽的颜色和样子像打了补丁的衣服，所以也成为了穷人的象征，"悬鹑""鹑衣"等都有这一层含义。

对"悬鹑"的应用，首见《荀子·大略篇》：

子夏家贫，衣若县[1]鹑。人曰：子何不仕？曰：诸侯之骄我者，吾不为臣；大夫之骄我者，吾不复见。柳下惠与后门者同衣，而不见疑，非一日之闻也。争利如蚤甲，而丧其掌。

[1] 同"悬"。

因为这个典故，"悬鹑""鹑衣"等也有了虽家贫但拒不出仕的象征。比如南北朝时期庾信的《上益州上柱国赵王诗二首》(其二)：

寂寞岁阴穷，苍茫云貌同。鹑毛飘乱雪，车毂转飞蓬。雁归知向暖，鸟巢解背风。寒沙两岸白，猎火一山红。愿想悬鹑弊，时嗟陋巷空。

庾信的山水诗是山水诗世俗化的代表，这首诗作于庾信北上西魏之时，前八句都在写塞上的风景，最后两句则点出了自己作此诗的目的：本来是想效仿子夏、颜回那样安贫乐道，但发现已不合时宜，还望益州上柱国赵王能提携。

用"悬鹑""鹑衣"指代贫穷或贫穷的人的例子在唐诗中有很多，如：

井税鹑衣乐，壶浆鹤发迎。

——《行营酬吕侍御时尚书问罪襄阳军次汉东境上侍御
　　　以州邻寇贼复有水火迫于征税诗以见谕》刘长卿

严霜被鹑衣，不知狐白温。

——《酬别蔡十二见赠》权德舆

衣如飞鹑马如狗，临歧击剑生铜吼。

——《开愁歌》李贺

乌几重重缚，鹑衣寸寸针。

　　——《风疾舟中伏枕书怀三十六韵奉呈湖南亲友》杜甫

鹑服长悲碎，蜗庐未卜安。

　　　——《寒夜独坐游子多怀简知己》骆宾王

其中李贺的佳句"衣如飞鹑马如狗"，在后代诗词中被多次改用，如：

醒来都不是，看衣鹑马狗，两鬓秋霜。

　　　　——《风流子·醉中作》尤侗

衣如鹑兮马如狗，跋涉三年竟何有。

　　　　——《读元遗山送李参军诗因寄铁崖》苗令琮

在宋代，"悬鹑"和"鹑衣"除表示贫穷之外，用其赞赏人物虽然物质条件简陋但是精神生活充实的诗作大大增多。这与宋代重视文人，而宋代文人又多注重精神追求的状况有关。比如，王九龄赞赏鼓琴者琴艺高超的《听鼓琴》：

至音不传徒按谱，不传之妙心自许。手挥五弦目飞鸿，千载流风如接武。鹑衣百结甘蓝缕，鬓雪浸浸用心苦。我知若人之用心，指下堪为儿女语。

其中"鹑衣百结甘蓝缕，鬓雪浸浸用心苦"两句写出了鼓琴者不在乎物质条件，以及专心琴艺的刻苦。

相似的还有杨备的《仪贤堂》：

两两鹑衣白发翁，讲筵谈柄坐生风。昭明太子欢相得，应与商山西皓同。

马之纯的同名诗作《仪贤堂》：

鹤发庞眉四老人，鹑衣蹑履一何贫。堂中论事君心喜，寺里谭经众说新。

也是用"鹑衣"的意象表达了对老人不追求物质享受，专注学识修养的赞赏。

南宋金丹派南宗的创派人，"南宗五祖"之一的白玉蟾[1]隐居著述，传播丹道。其在多首诗中用悬鹑的形象自比，如：

> 破袖悬鹑鬓咔苍，山前山后乐相羊。三更月影如酥白，一树梅花似雪香。
>
> ——《与永兴观主梅·其一》

> 临水幡然两鬓丝，山烟凝翠入鹑衣。横吹铁笛且归去，懒把渔竿立藓矶。
>
> ——《和刘司门韵题临溪亭》

在白玉蟾的诗中，着鹑衣、如悬鹑的老人，多了一番仙风道骨的感觉。

除"悬鹑""鹑衣"外，诗歌中还有一个常用的与鹌鹑有关的意象——"鹑居"。

"鹑居"来源于《庄子·天地》："夫圣人鹑居而鷇食，鸟行而无彰。"陆德明在《经典释文》中释为："鹑居，谓无常处也。又云：如鹑之居，犹言野处。"在后世的应用中，"鹑居"可以用来指代古时的圣人及圣人所治理下的那个时代，如唐代张绍所作《冲佑观》中提到："淹留骏驭，想像鹑居。""鹑居"也可以指代在郊野的简陋居所，如宋代王灼有诗《次韵晁子与·其一》：

> 清溪西岸作鹑居，敢怨投闲百不如。喜得君家好兄弟，相逢如对古人书。

同时也可以一语双关，两个含义都有所涉及，如宋代晏殊《巢父井》：

[1] 白玉蟾，原名葛长庚，字如晦，号琼山道人。

107

禀生值尧年，率性在庞厚。安巢一枝上，岂曰鹑居陋。

王洋《鹊巢》：

鹑居熙熙太古民，就令窥巢不用嗔。同游饮啄不相害，海上鸥飞不避人。

◎ 第三节

田鼠化鴽毛彩绚

虽然鹌鹑与田鼠、鹌鹑与蛤蟆互相转化的说法在最晚成书于汉代的《夏小正》中就有记载，但在诗歌中这一说法却是开始于宋代，并且纵观整个历史阶段，这一说法也多集中于宋代。比如：

黄闲射雉出林中，田鼠化鹌毛彩绚。

——《寄邦求拟南食作》李正民

君看十月鹑，羽翼甚轻矫。变化须臾间，不念旧池沼。食鹑乃无言，食蛙或蹇愀。鹑蛙等无二，妄想自颠倒。

——《淮人多食蛙者作诗示意》朱翌

窗草池莲乐意连，一帆直到太虚前。拈来瓦砾无非道，触处鸢鱼共此天。鹑固珍羞元是鼠，蜕虽秽物却为蝉。神奇臭腐相更禅，妙理谁知所以然。

——《出郊再用韵赋三解》吴潜

鳖笑色无愠，鹑化理莫推。

——《学韩退之体赋虾蟆一篇》洪刍

有道是"妙理谁知所以然""鹑化理莫推"，对于当时的诗人们来说田鼠化鹑、蛙化鹑是理所当然的知识，至于其中的道理则是无人知也不必知晓的。在中国古代的诗词中，对自然最常见的态度就是赞赏，感叹造化的鬼斧神工，而不去探究其背后的原因，也认为不需要探究。用法国哲学家、史学家皮埃尔·阿多（Pierre Hadot）在《伊西斯的面纱》中的分类来说，这就是典型的俄尔普斯态度，即"希望通过旋律、节奏和和谐，而不是强迫来参透自然的秘密"，认为灵感来自"在神秘面前的敬畏和无私欲"。鹑化思想之所以能在中国存在那么久，不仅是因为人们观察不细致或者盲从经典，更是因为这一思想符合当时人们对自然的态度和哲学体系。

值得注意的是，李正民所作的"田鼠化鹌毛彩绚"是第一句夸赞鹌鹑羽毛漂亮的诗句。尽管鹌鹑的羽毛好像只有棕色一种颜色，但仔细观察我们就会发现，鹌鹑羽毛的颜色其实是黑色、黄色、白色和不同深度的棕色，一层层组合在一起的。夸赞鹌毛"彩绚"的李正民不单仔细观察过鹌鹑，而且是带着审美的眼光仔细观察的。虽然鹌在这首诗中仍是以一种食物的形象出现，但作者并不是简单地把它当作一种食物来描绘。前代灰暗、平凡的小鸟形象在这里有了第一次的改变。

由以上论述可知，从宋代开始，文人们不再单纯地把鹌鹑当成一种猎物、一种食物或者一种文学象征体，而是以一种哲学的、审美的态度来看待。在宋代诗歌中出现仅仅为了表现鹌鹑本身而描写的句子，比如"毛彩绚""羽翼甚轻矫"等，这些句子作者不是为了夸赞自己或者讽刺他人，而是认为鹌鹑本身的形态、动作就值得被文字记录。

纵观中国古代的咏物诗，唐代之前的动物要么作为"兴"引出话题，要么作为象征体，虽然有一些咏植物的诗，但也多是出于一些人为目的。而唐代最爱描写的是高头大马或者其他雄壮的动物，尤其着墨于其上的人工配饰，以突出国力的强盛，或展现当时人的精神风貌。而到宋代，大量描写动植物的咏物诗出现，它们更像是现代人所说的自然笔记、观察记录等。这种风气一直持续到明代。

◎

第四节

鹌鹑题画诗

五代时以黄筌父子为代表的工笔画兴起，促使人们开始细致观察动植物，尤其是鸟类。各种以鸟类为主题的画作开始出现，尤其是在宋代，由于统治者的喜好、格物致知思想的提倡以及闲暇时间很多的中产阶级的出现，花鸟画更是盛极一时，鹌鹑就是当时人们作画的主题之一，鹌鹑题画诗也随之出现。

饮啄飞鸣各后先，当时操笔想中传。生来野态无拘束，万里秋风自在天。

——《赠昙润画鹑》王佐才

苍苍老石守寒丛，雪洒林鸠美睡中。鹑傍陈根饥更啄，雀栖高蘖瞑愁风。

——《题画二首·其二》张耒

群雀岁寒保聚，两鹑日晏忘归。草间岂无余粒，刮地风号雪飞。

——《题黄居寀雀竹图二首·其一》范成大

下车式怒蛙，为爱蛙有气。秋风化为鹑，乃复有斗志。丛丛榭叶边，攓身睨而视。虽非纪渻鸡，宛类浮图鹜。因知气苟存，百变终不慑。斯人倘若斯，似可敌王忾。云胡万夫特，甘受巾帼遗。鹑兮尔固微，或者宁不愧。

——《为孟希圣题字落鹌鹑画扇》俞德邻

宋朝时，也有许多描写自然状态下的鹌鹑的诗篇。

秋野无人秋日白，禾黍登场风索索。豆田黄时霜已多，桑虫食叶留空柯。小蝶翩翩晚花紫，野鹑啄粟惊人起。洛阳西原君莫行，秋光处处系人情。

——《福昌秋日效张文昌二首·其一》张耒

逆水寒风急，轻舟晚不前。因来泊古渡，聊且上平田。

草软行方稳，鹑惊去瞥然。却寻孤岸远，吹帻乱华颠。

——《将次项城阻风舟不能进》梅尧臣

自有仲宣乐，从军仍近亲。关河历周郑，风雪过咸秦。
原上方驱马，鞍傍忽起鹑。世家传钓玉，重问渭川滨。

——《送吕寺丞希彦邠州签判》梅尧臣

白皙少年子，秋郊臂苍隼。日暖饥目开，风微双翅紧。
草际鸣鹑惊，蒿间黄雀窘。下韝诚必获，得俊还复哂。碎脑
此非辜，食肉尔何忍。取乐在须臾，我心良恻悯。

——《观放鹞子》梅尧臣

在这些诗篇中，鹌鹑姿态各异，机警灵动，往往与自
然环境融为一体。在这些诗歌中我们再一次看到当时文人
对自然本身的审美旨趣，对动物作为自然界中的生灵，而
非食物、猎物、象征体的描写兴趣。这种表现在诗歌中的
兴趣同样在同时代许多文人的笔记小说和谱录类书籍里得
到体现，比如被称为中国古代第一部鸟类专著的《禽经》
就出现在宋代，并在宋代被广泛引用。

虽然鹌鹑在中国历代诗歌中作为自然生灵、审美对象
被描写被赞誉，也有少数文人对食其肉略感不忍，有诗
"碎脑此非辜，食肉尔何忍"证明，但这丝毫没有改变鹌
鹑被作为猎物、食物的命运。宋代有大量提到鹌鹑作为猎
物和食物的诗歌。比如：

寒羊肉如膏，江鱼如切玉。肥兔与奔鹑，日夕悬庖屋。

——《冬日放言二十一首·其六》张耒

猎骑载雉兔，樵檐悬鹑鸡。

——《访客至西郊》陆游

炊黍焚黄鹑，吾其理归棹。

——《次韵参寥莘老》秦观

这一时期由于佛教的影响，在提倡护生的诗作中也提到了鹌鹑，比如：

好生恶死心，人畜无差别。刀砧才见前，愁苦不容说。鹑诗颇哀鸣，牛拜弥惨切。嗟吁人不悟，一至身殂灭。

——《拟寒山寺·其二十九》释怀深

中国古人对待动物的态度有一种融合性，除少部分提倡护生的文人外，大部分人可以毫不矛盾地看待动物的自然景观价值与经济利用价值。牛津大学历史学教授基思·维维安·托马斯（Keith Vivian Thomas）在其著作《人类与自然世界：1500—1800年间英国观念的变化》中用充足的史料证明了发生在英国的一种自然观的转变。

随着人类对自然界认识的增加，人类与自然界之间情感的纽带不断发生断裂。通过逐渐清除富含人类与自然界关系的象征词汇，博物学家们彻底击溃了历史悠久的自然与人类之间的感应观念，建立起来的是一个与人类分离的自然景观。另一方面现代初期人们对动物、植物与景观产生了新的情感，人为了自身利益而利用其他物种的权力受到尖锐的挑战，人们开始强调未开发的自然对人类精神健康的重要性，以及荒野景观本身的美与价值。这种新感性与文明发展的物质方式之间可以说形成了现代社会一个基本的内在矛盾。

而这种矛盾在中国古代几乎从来没有存在过，感应观念、自然景观和被利用的物种，动物的这三种身份在中国古人的生活中、文字下、思想里和平共处。中国古人可以在挂着象征着"平安"的鹌鹑画的房间里，一边赞叹着自然界中鹌鹑的灵动姿态，一边品尝着口中的鹌鹑美味。

◎

第五节

鹌鹑应制诗

明代关于鹌鹑的诗歌激增，其中最重要的一个原因是鹌鹑成为应制诗的主题之一。其"鹌"与"安"谐音，并有着丰富的文学象征意义，甚至还可能与传说中的神鸟朱雀有关等，都足以让明代的学子们对着画作中的鹌鹑好好夸赞一番。

斗鹑

渺彼榆枋翼，丹青画作真。静眠宫草日，闲傍苑花春。顾影骄金距，逢场上锦茵。非同珠树鸟，独用羽毛珍。

——《应制题画四首·其四·鹌鹑》于慎行

这首诗写出了宫廷中的斗鹑平时安闲、斗时矫健的形态，是当时上流阶层饲养斗鹑以供玩乐的生活实景的反映。

同样提到斗鹑的还有石宝的《题李后主画鹌鹑》：

翠袖成围紫殿深，曾看一胜抵千金。如何解甲临城日，不及山禽有斗心。

自得知足

游鹍运四海，黄鹄摩丹霄。道逢霜霰严，铩翮青云遥。何如秋原鹑，短羽无高超。饥餐野田实，栖集依苇萧。时飞复时止，和声弄鲜飙。雌雄各安偶，所乐同鹪鹩。志愿易为足，过图良自劳。物生贵得性，岂必搏扶摇。

——《鹌鹑》王璲

还记得汉代诗歌中那只与志向高远的天鹅相对比的、蝇营狗苟的鹌鹑吗？鹌鹑还是那个"短羽无高超"的"秋原鹑"，但在这首诗中和"摩丹霄"的黄鹄相比，鹌鹑不再是不思进取、无才无德的贬义形象，而是自得其趣、知足常乐的褒义形象。

同样夸赞此品质的还有林弼的《题寒花鹌鹑图》：

落日秋林竹树稀，枝头寒雀静相依。争如草畔鹌鹑乐，自啄霜虫不肯飞。

淡泊潇洒

秋至禾黍熟，霜含枸杞红。鹑衣自有适，潇洒立西风。

——《画鹑·其一》杨士奇

疏菊吐幽华，清鹑澹无与。独立亦翛然，襞襵艳文羽。

——《画鹑·其二》杨士奇

这两首诗中，作者抓住"鹑衣"的文学象征意义进行拟人化，赋予鹌鹑以人的精神品质。

鹑居鷇食

饱食秋菰已倦飞，羽毛映日锦襟襷。一生自信无常处，枸杞丛边却暂栖。

——《题鹌鹑图》史谨

其中"一生自信无常处"中的"无常处"指的是鹌鹑居无定所的生活习性，在这里作者夸赞鹌鹑的这种习性是其"一生自信"的表现，可以说是相当夸张了。同样应用了"鹑居鷇食"这一形象的还有刘崧的《题鹌鹑图为都事李鸿渐赋》："鹑居鷇食见天机，踯躅蓬茆顾影稀。长忆野田秋日晚，马头惊起一双飞。"不过没有史谨赞颂得那么夸张。

同样夸张的还有黄仲昭的《败苇鹌鹑》：

天上纪星曾取象，诗中托兴久知名。鹍鹏虽大那能似，空自骞腾上太清。

其中"天上纪星曾取象"指的是中国古代十二星次中的鹑首、鹑火与鹑尾。沈括《梦溪笔谈·象数一》中讲到"天文家'朱鸟'，乃取象于鹑。故南方朱鸟七宿，曰鹑首、鹑火、鹑尾是也。"

当然也有一些描写比较客观的诗篇。比如：

两两鹌鹑小，秋田啄粟肥。沙寒栖不定，惊起向南飞。

——《题莫庆善翎毛戏墨三首·其三》刘崧

木叶萧萧禾黍稀，寒原日晚只卑飞。九苞灵凤多文绣，谁顾秋风百结衣。

——《鹌鹑》朱朴

只有在这些较少数的诗作中才能看到宋代时欣赏和描述自然本身的审美旨趣和自然观念。

另外值得一提的是陈琏的《边景昭四时鹌鹑为周副都御史赋四首》，他用四首诗描写了春夏秋冬不同季节的鹌鹑，虽然对鹌鹑本身的形态动作描写甚少，并带着夸赞的色彩，却是难得的在不同时间连续性地对同一种动物进行观察的记录。

春：自信生来性独灵，斑斑文采更分明。斗时胜负浑闲事，曾占梨园曲里名。

夏：草碧莎青照眼新，炎炎暑气政熏人。一双同沐清波上，偏喜毛衣不染尘。

秋：粟垂金穗暮秋时，来往郊原得所依。曾记朝回花下见，一双飞上绣罗衣。

冬：清晨六出雪花晞，枸杞子红今满枝。逐伴偶来贪看处，玉坡高处立多时。

明代描写鹌鹑的诗歌有不同于前代的两大特点：第一，人文色彩渐浓，更多的诗篇在诗句中提到鹌鹑的象征意义，像宋代那样全篇只是将鹌鹑当作自然景观来描写的诗歌大大减少，这当然与其是科举考题有关，所以考生要尽可能显示自己的文化储备，而不是自然观察能力，甚至有几首诗题名为鹌鹑，全篇却是鹌鹑的象征意义，丝毫未提鹌鹑作为自然物的形态动作；第二，明代涉及鹌鹑的诗歌并不都是应制诗，但都表现出同样的特点，足见鹌鹑作为考题之一，被人为赋予了的特殊地位，不仅影响了应试的考生，而且深刻影响了人们日常看待鹌鹑的眼光。

历史上人们的自然观及科学思想可以在文学中得到展现已经无须过多言说，尤其是对于没有专门进行自然研究和自然哲学思考机构的古代中国来说，诗词创作从某一个角度讲就是文人阶层难得的自由思想空间。在这样的自由空间中他们走进自然、描述自然、赞美自然，他们会对自然现象产生疑惑（他们从来没有想过，就算想过也没有时间精力就这些疑惑进行研究），也会借用自然现象来抒发自己的感情。在不同的朝代，当时的社会环境、社会制度、统治者的喜好等都会影响人们看待自然的眼光。这让我们清楚地意识到，不戴有色眼镜去看待自然并不是想象中那样轻松的事情。

鹌鹑形象在汉代被贬低，在明代被抬高，只有在宋代才被真正当作一种自然物，其自然的美丽得以彰显。把自然当自然，让自然仅仅因其是自然而拥有价值，这也是科学精神的一种吧。

* * * * *

六月鹌鹑何处家，天津桥上小儿夸。
一金且作十金事，传道来春斗蔡花。

——朱耷《题鹌鹑图》

第五章

鹌与安——艺术品中的鹌鹑形象

因"鹌"与"安"谐音,有平安、安康、安居、安详的美好寓意,鹌鹑也就成为中国古代绘画作品中的常客。鹌鹑与菊花[1]搭配,有"安居"的寓意;与枸杞[2]搭配,有"祈求平安"的寓意;与禾穗[3]搭配,有"岁岁平安"的寓意;九只鹌鹑有"九世安居"的寓意。尤其是在明清时期,除绘画作品,鹌鹑纹样还广泛地出现在服饰、瓷器、玉器等日用品和工艺品上。如明清时期官服上所绣的补子,就有鹌鹑图案;宫廷中绘制的吉祥画及摆件中,少有的鸟类形象里也有鹌鹑的一席之地。

鹌鹑除因其美好寓意而受大众喜爱外,还因其有"悬鹑"的文学意蕴,备受文人画家的喜爱。如明太祖朱元璋第十世孙,晚明遗民朱耷就极其喜欢绘制"悬鹑"来自比。

[1] 谐音"居"。
[2] 谐音"祈"。
[3] 谐音"岁"。

清代文官八品官服补子图案

◎

第一节
鹌鹑与菊花

鹌鹑与菊花的搭配是现存与鹌鹑有关的古代艺术作品中最常见的搭配。"鹌"与"安"谐音，"菊"与"居"谐音，鹌鹑与菊花的组合就有了"安居"的美好寓意，是历朝历代统治者的愿望之一。因此，在历代留下的许多优秀作品中，尤以宫廷画师所作为多。

五代时期供职于宫廷画院的院体画开创者黄筌就创作过《菊花鹌鹑图》，台北故宫博物院藏有宋绣版。除《菊花鹌鹑图》外，《宣和画谱》还载有其创作的《雪景鹌鹑图》《鹞子鹌鹑图》等多幅与鹌鹑有关的写生画作。黄筌的写生画注重细致描绘观察对象，《东斋记事》称其"用笔极新细"，"其家多养鹰鹘，观其神俊以模写之，故得其妙"。在现今存世的宋绣版《菊花鹌鹑图》中，可以看出画家已精准把握鹌鹑浑圆的躯体、缩脖、短尾等特点，生动地描绘出鹌鹑啄虫的动态形象。

五代·黄筌《菊花鹌鹑图》（宋绣版）

鹑之奔奔——中国古代鹌鹑文化史

南宋宫廷画师李安忠则选取了较为少见的、象征吉祥的白色鹌鹑作为绘画对象，绘制了《野菊秋鹑图》，白色的鹌鹑更增添了美好的寓意。

南宋·李安忠《野菊秋鹑图》

李安忠另有一幅《翔鹑图》，展现了中国古代鹌鹑图中极为少见的飞翔、跳跃的鹌鹑形象。因为飞翔这一动作速度极快，在没有相机的古代难以捕捉细节，但在这幅画中，画家描绘了鹌鹑飞翔和跳跃过程中的四种状态，所绘动作流畅、比例协调，足见画家观察能力和绘图能力之强。同时宋代的鹌鹑形象与前代相比，描绘更加细致，在李安忠的两幅作品中，鹌鹑眉眼分明，比黄筌的作品更添生韵。

明代凌必正所作扇画《秋菊鹌鹑图》，在菊花之外加入了一只飞舞的蝴蝶，显得生机盎然。

清代乾隆年间宫廷的粉彩秋菊鹌鹑盖罐，瓶身上描绘了两只鹌鹑在菊花与石头间追逐，伸颈互望，可能是宫廷中所饲养鹌鹑的真实写照。

南宋·李安忠《翔鹑图》

明·凌必正《秋菊鹌鹑图》

清·粉彩秋菊鹌鹑盖罐

◎

第二节

鹌鹑与枸杞、麦穗及其他

"杞"同"祈"，同鹌鹑与菊花的搭配相似，鹌鹑与枸杞的组合有着祈求安定的美好寓意，也成为画家较为青睐的搭配之一。

比如，可能由北宋宫廷画师崔慤所作的《杞实鹌鹑图》，描绘了一只鹌鹑在一株枸杞前面啄食蝼蛄的场景，与黄筌的《菊花鹌鹑图》在构图上有几分相似，但在细节绘制上，尤其是鹌鹑的头部细节上更加丰富。画中鹌鹑啄食的蝼蛄，是一种生活在土里、偷吃农田植物根茎的害虫，古人常用之比喻小人。在崔慤的画作中，象征平安、安定的鹌鹑啄食"小人"蝼蛄，有着"除小人、防灾祸"的象征意义。同时，这幅画也是少有的不以写实工笔画法，而以点染方式的"没骨法"完成的鹌鹑主题画作。

北宋·崔慤《杞实鹌鹑图》

北宋时期以画鹌鹑闻名的画家还有艾宣。《宣和画谱》记载其"尤喜作败草荒榛，野色凄凉之趣，以画鹌鹑著名于时"。

前文提到过的南宋画师李安忠也曾绘制过一幅与枸杞搭配的鹌鹑图，画工细致，所绘鹌鹑毛质彰显程度更胜前人。

清代李坚的《枸杞鹌鹑图》描绘了一只毛色暗淡的鹌鹑在一株有几分凋零的枸杞下眺望远方的图景，蕴含了画家祈愿远方的伴侣平安的想法。

清·李坚《枸杞鹌鹑图》

根据宋本刊刻的《尔雅音图》曾将鹌鹑与谷穗搭配，这与鹌鹑的自然习性相符合，但这一搭配在元明时期不太常见，在清代又重新兴起，可能反映了统治者粮食富足、国家安宁的愿望。

比如戴洪的丝绣作品，描绘了两只白鹇和一群鹌鹑在稻谷和山石中的景象。

故宫博物院藏有白玉衔谷穗双鹌鹑雕塑，清宫《鸟谱》中的鹌鹑图页也选用了这一搭配。

清·戴洪《白鹇鹌鹑图》　　　　清宫《鸟谱》鹌鹑页

清·白玉衔谷穗双鹌鹑雕塑

除此之外，鹌鹑与竹子等植物的搭配也常出现在鹌鹑画作中，这些植物也反映了自然状态下鹌鹑的栖息地。比如明代周之冕的《花竹鹌鹑图》就描绘了竹子、牵牛花等多种植物，这些植物与蝴蝶、鹌鹑一同组成一幅生动的自然花鸟生态图。

明·周之冕《花竹鹌鹑图》

◎

第三节

八大山人与鹌鹑画

如前一章所述，鹌鹑因其灰暗的毛色、凌乱的毛质，有了"悬鹑"这一文学意象以喻穷人；又因"子夏家贫，衣若悬鹑"的典故，具有虽家贫但拒不出仕，或虽家贫但精神生活丰富的象征意义，甚至有几分冷眼看世间纷争的世外高人的意味。而鹌鹑的这一文学意象正与八大山人朱耷[1]的创作旨趣相合。

朱耷天资聪颖，但不幸遭逢国难，一腔悲愤无处发泄，一身才情无处施展，其所作的多幅《双鹑图》，两只鹌鹑白眼向人，桀骜不驯，成为不取鹌鹑的吉祥寓意，是以其"悬鹑"的形象自比的经典之作。

[1] 朱耷(1626—约1705)，字刃庵，号八大山人，江西南昌人，明末清初画家、书法家。清初画坛"四僧"之一，为明宁献王朱权九世孙。明灭亡后，国毁家亡，朱耷心情悲愤，落发为僧，法名传綮。

明·朱耷《双鹑图》两幅

纵观中国古代与鹌鹑有关的绘画、雕塑作品，有三个特点值得关注：

第一，从五代起，画家对鹌鹑的绘制就抓住了其浑圆的身体、尖利的喙、斑驳的被羽、短小的尾巴和脚爪这几个主要特点，反映了中国古人在描摹自然时的观察能力和概括能力。

第二，在有关鹌鹑的艺术作品中，两只鹌鹑同时出现的情景居多。这一方面是因为《诗经·鹑之奔奔》中时鹑鹑成匹的形象的塑造，另一方面也与两只鹌鹑互相争斗的自然观察和娱乐活动有关。

第三，在有关鹌鹑的绘画作品中，鹌鹑大多处于自然生态环境之中，显示了古人对待自然物的一种非功利性的审美旨趣。

鹑，补五藏（脏），益中续气，实筋骨，耐寒温，消结热……
四月巳前未堪食，是虾蟆化为也。

——掌禹锡等《嘉祐补注本草》

第六章

鹑鹦橙拘——作为食物和药物的鹌鹑

◎ 第一节

野鸟还是家禽

——鹌鹑的捕获与食用

在中国，鹌鹑的食用历史悠久，反映先秦情况的《诗经·魏风·伐檀》载："不狩不猎，胡瞻尔庭有县鹑兮？彼君子兮，不素飧兮!"《礼记·内则》有"雉、兔、鹑、鷃"和"鹑羹，鸡羹，鴽，酿之蓼"两处以鹌鹑为食物的记载。汉代《盐铁论·散不足》有："今民间酒食，肴旅重叠，燔炙满案，臑鳖脍鲤，麑卵，鹑鷃橙枸。"这里的"鹑鷃"就是鹌鹑。另外《楚辞·大招》有"炙鸹烝凫，煔鹑陈只"的记录，北魏贾思勰《齐民要术·脯腊第七十五》也提到了用鹌鹑做腊味的方法。许多学者在其论文中也都对鹌鹑的食用历史有所提及，但是中国古代食用的鹌鹑是野生的，还是有一个由野生到家养的驯化过程，学者少有提及。笔者通过研究发现，尽管至迟在宋代就有驯养鹌鹑并贩卖的记载，但这些驯养的鹌鹑多用于戏斗而非食用，食用鹌鹑大都来自野外捕猎。

从唐代到清代，中国许多描写打猎场景的诗作都提到捕猎鹌鹑，比如：

翻身迎过雁，劈肘[1]取回鹑。

——唐·元稹《代曲江老人百韵》

时时得鹑兔，傍灶亲燔燎。

——宋·韩驹《送子飞弟归荆南》

却思清旷江边路，鹑兔成车酒自筥。

——宋·张孝祥《枕上闻雪呈赵郭二丈》

野截杂鹑雉，溪鱼间鲦鳇。

——元·曹世长《编校遂生亭联句》

秋湖水落莲芡盛，腊月雪深鹑兔肥。

——明·孙蕡《虹县行》

[1] 一作"射"。

菽水甘淡泊，藜鹑御寒饥。

——宋·杨钦《适志诗》

以上诗句都可见野生鹌鹑不仅是人们打猎的对象之一，而且是当时禽类食物重要来源之一。

中国古代野外鹌鹑数量极多，明清时期中国各地方志的物产一章中大部分都有鹌鹑的记载，而且都是作为野禽被记录下来。清代李渔《闲情偶寄·饮馔部·肉食第三》就说："野禽可以时食，野兽则偶一尝之。野禽如雉、雁、鸠、鸽、黄雀、鹌鹑之属，虽生于野，若畜于家，为可取之如寄也。"[1]可见到清代野禽非常多，简直如家畜一般，在鸡、鸭、鹅之外不需要再去驯养鹌鹑以供食用了。

古人主要用食物引诱，结合张网围捕的方法来捕捉鹌鹑[2]，这一点在许多诗歌中均有体现。比如宋代陆游的《初寒二首·其一》"鹑满群童网"、明代李时行的《感咏二十首·其十》"赤鹑与黄雀，窃食陇边禾。恣情相饮啄，暮去朝还过。虞人日窥伺，将身罹网罗"等。《闲情偶寄·饮馔部·肉食第三》中也有记录："（禽）知人欲弋而往投入，以觅食也，食得而祸随之矣。"清代小说《歧路灯》第六十四回还描绘了一幅猎人捕猎鹌鹑归来的场景："双庆一问就着。扣门叫道：'夏叔在家么？'只见一个老妪出来说：'他昨夜与马姐夫出城打鹌鹑去了。'双庆只得回来。却见一起人从南进街而来，有背着网的，有提着小笼子的，内中正有夏逢若。拿着一根绳子，穿着十几只死鹌鹑。"

李渔在《闲情偶寄》中还表达了这样一种观点，即野禽死不足惜，因为"兽之死也，死于人；禽之毙也，毙于己。食野味者，当作如是观。惜禽而更当惜兽，以其取死

[1] 李渔.闲情偶寄[M].杭州：浙江古籍出版社，2011：134.

[2] 在为取乐而进行的打猎活动中可能会采取其他方法，比如说射取。

之道为可原也"。

可有些人却不这么认为。《宋史·孝宗本纪》记载宋孝宗"每戒，后苑毋妄杀，如鹌鹑，并不令供"，说明当时在捕杀禽类行为上稍微有所节制。宋代佛家弟子释怀深曾深感人类杀生过多，作《拟寒山寺·其二十九》，其中鹌鹑就是典型代表之一。

好生恶死心，人畜无差别。刀砧才见前，愁苦不容说。鹑诗颇哀鸣，牛拜弥惨切。嗟吁人不悟，一至身殂灭。

释怀深并在诗中自注"鹑诗"为"蔡元长太师喜食鹑子羹，庖人常养之于笼，日取烹之。一夕梦鹌鹑飞地座前，乃作人语，具道诫杀意，遂赋诗一首，以乞命云：食君数粒粟，作君羹内肉。一羹凡几命，下箸犹不足。劝君慎勿食，祸福相反覆。蔡公遂撤鹑羹一味，不悟诗中之意。"这首诗及注也从侧面反映了当时鹌鹑捕杀和食用的数量之多。清代梁恭辰《北东园笔录》卷六收录的《广爱录》中也提到世人对于野禽杀生过多、行为残忍：

世人既以鸡凫为常馔，而于野雀、鸽子、鹧鸪、鹌鹑之类，复掩取无遗，以为适口，或谓之野味，或谓之山味。又谓必生拔其毛方得净尽，惨酷不可名状，登俎无几，而罪孽有邱山之重矣。

中国古代食用鹌鹑的做法，除了《齐民要术》中提到的脯腊，《礼记》中提到的鹑羹，《大招》中提到的黏鹑[1]，还有炸鹌鹑[2]、炒鹌鹑[3]、糟鹌鹑[4]等，但未见有食用鹑卵[5]的记载。

既然中国古人不需要驯养鹌鹑就可以得到足够的食物来源，那么中国古代是否存在鹌鹑驯养行为呢？其动机又

143

[1] 即煮鹌鹑。

[2] 出自《林兰香》第五十四回："酥炙黄食鹌鹑"。

[3] 出自《人海潮》第十二回："春笋炒鹌鹑"。

[4] 出自《红楼梦》第五十回。

[5] 即鹌鹑蛋。

是什么呢?

> 至道二年夏秋间，京师鬻鹑者，积于市门，皆以大车载而入，鹑才直二文。是时雨水绝无蛙声，人有得于水次者，半为鹑，半为蛙。

[1] 杨亿.谈苑[M].上海：上海古籍出版社，1993：18.

宋代杨亿[1]《谈苑》中的这段记载被许多学者认为是中国古代驯养鹌鹑的明证。这些鹌鹑被售卖的目的不是食用，而是戏斗。宋代出现了专门售卖斗鹑的行当，也从侧面反映了另一个事实，即野外鹌鹑必须经过一定的驯养，才能使充满野性的鹌鹑变成服从人管制的斗鹑，这是不同于为食用而驯养动物的另一种驯养过程，其所需要的经验技术和方法都与食用禽类的驯养有所不同。具体的训练方法在前几章已有详细讲解，这里不再赘述。

在这里要顺便一提的是，在中国古代还有一些食物虽然冠以"鹌鹑"之名，但在食材中却没有鹌鹑。比如宋代浦江吴氏《中馈录·饮馔·制蔬》中有一种菜名叫做"鹌鹑茄"，具体做法是："拣嫩茄切作细缕，沸汤焯过，控干。用盐、酱、花椒、莳萝、茴香、甘草、陈皮、杏仁、红豆研细末，拌匀，晒干，蒸过收之。用时以滚汤泡软，蘸香油炸之。"大抵是这样做出来的茄子，看起来很像披着蓬乱被羽的鹌鹑，所以以"鹌鹑"冠名。《西游记》第八十二回中，在老鼠精招待唐僧的素菜中就有一样是"镟皮茄子鹌鹑做"。

《武林旧事·市食》还记载了一种宋代市井小吃"鹌鹑馉饳儿"，《东京梦华录》卷六也有记载这一小吃：

> 正月十六日，都下卖鹌鹑馉饳儿、圆子、半拍、白肠、水晶鲙、科头细粉、旋炒栗子、银杏、盐豉、汤鸡、段金橘、

橄榄、龙眼、荔枝。

鹌鹑馉饳儿是古代一种圆形，有馅，用油煎或水煮的面食，因其形似鹌鹑，故称。这种点心到明代还在市井中颇为流行。明代永乐年间的《杭州府志》就记载有"市食鹌鹑馉饳儿"，冯梦龙《喻世明言》中有一则故事叫做"简帖僧巧骗皇甫妻"，其中就有小贩售卖鹌鹑馉饳儿的场景：

等多时，只见一个男女，名叫僧儿，托个盘儿，口中叫卖鹌鹑馉饳儿。官人把手打招，叫："买馉饳儿。"僧儿见叫，托盘儿入茶坊内，放在桌上，将条篾黄穿那馉饳儿，捏些盐放在官人面前，道："官人，吃馉饳儿。"

在颇具名气的满汉全席中，有所谓的"四八珍"，其中的"禽八珍"就包括鹌鹑。据清代《大清会典·内务府·都虞司》记载，当时户政中有"鹌鹑户"，是都虞司所属牲丁之一种，负责交纳鹌鹑。

第二节

○ ——

化生还是卵生

鹌鹑的药用价值及起源讨论

现知第一本较为详细介绍鹌鹑药用价值的本草著作是北宋掌禹锡等撰的《嘉祐补注本草》，在"鹑"条目下，较详细地记录了鹌鹑的药用价值：

鹑，补五藏[1]，益中续气，实筋骨，耐寒温，消结热。小豆和生姜煮食之，止泄痢。酥煎，偏令人下焦肥，与猪肉同食之，令人生小黑子，又不可和菌子食之，令人发痔，四月已前未堪食，是虾蟆化为也。[2]

其后，寇宗奭的《本草衍义》，提到鹌鹑对小儿的肠胃病及腹泻有治疗作用："小儿患疳及下痢五色，旦日食之有效。"更引人注意的是这位药材辨验官通过自己的观察斩钉截铁地反对传统历书中记载的鹌鹑化生的观点，体现了作者的实证精神。书中写道：

鹑有雌雄，从卵生，何言化也，其说甚容易。尝于田野，屡得其卵。初生谓之罗鹑，至初秋谓之早秋，中秋以后谓之白唐，然一物四名，当悉书之。[3]

到了明代，中国古代本草学集大成者李时珍在《本草纲目》中认为鹌与鹑是两种动物，"鹌与鹑两物也，形状相似，俱黑色，但无斑者为鹌也。今人总以鹌鹑名之"。现代生物学认为鹌鹑有无斑纹并不能作为划分物种的标准，不同种类的鹌鹑均有可能产生无斑纹的品种。在对鹌鹑的描述上，《本草纲目》的记录与前代本草著作有很大的不同，李时珍不仅记录了鹌鹑的药用价值，而且较为详细地记录了其名称、样貌、生态由来等，这就使得《本草纲目》不仅是一部本草著作，更是一部博物著作。

李时珍对"鹑"这个称呼的由来解释为："鹑性淳，窜伏浅草，无常居而有常匹，随地而安，庄子所谓圣人鹑居

147

[1] 同"脏"。

[2] 唐慎微.重修政和经史证类备用本草：卷19[M].北京：人民卫生出版社，1982：405.

[3] 寇宗奭.本草衍义：卷16[M].北京：人民卫生出版社，1990：113.

[1] 李时珍.本草纲目校点本:第4册[M].北京:人民卫生出版社,1981:2622.

是矣。其行遇小草即旋避之，亦可谓淳矣。"[1]"鹌"的由来解释为："不木处，可谓安宁自如矣。"他对鹑的样貌及生态描述为："鹑大如鸡雏，头细而无尾，毛有斑点，甚肥。雄者足高，雌者足卑。其性畏寒，其在田野，夜则群飞，昼则草伏。人能以声呼取之，畜令斗抟。"对鹌的生态描述为："候鸟也。常晨鸣如鸡，趋民收麦，行者以为候。"

对于鹌鹑的起源，李时珍在列举了《谈苑》中蛙化鹑的记载、《本草衍义》中鹑卵生的观察记录、《万毕书》"蛤蟆得瓜化为鹑"的记载，及《交州记》中"南海有黄鱼，九月变为鹑"的记载后，得出自己的结论："盖鹑始化成，终以卵生，故四时常有之。鹌则始由鼠化，终复为鼠，故夏有冬无。"一开始鹌鹑由其他动物变化而来，而一旦鹑成形，往后就可以由卵生进行繁殖，而鹌则还要再变为鼠。在这里，李时珍对动物的季节性迁徙按照传统观点解释为动物间的互相转化，同时他还用化生观点解释了鹌鹑被羽上的斑纹，"鹑也，始由虾蟆海鱼所化，终即自卵生，故有斑""鹌也，始由鼠化。终复为鼠，故无斑。"

在鹌鹑的药用价值上，李时珍总结了前代的成果，并补充了董炳《集验方》中的案例。李时珍同样应用了"化生说"进行解释："鹑乃蛙化，气性相同。蛙与蛤蟆皆解热治疳，利水消肿，则鹑之消鼓胀，盖亦同功云。"可见，尽管李时珍不否认鹌鹑卵生的自然现象，但在思想上更加靠近化生观念。

美国科学史教授詹姆斯·E.麦克莱伦（James E. Mc-Clellan）与哈罗德·多恩（Harold Dorn）在《世界科学技术通史》中反复论证，在几大文明古国中，技术和科学一直处于分离状态，在鹌鹑的案例中我们也看到，实用性质的本草学发展几乎没有影响到自然哲学层面人们对生物起源等问题的讨论。鹑到底是化生还是卵生的争论只是少数人的兴趣，充满了个人性和偶然性，没有平台，也没有动机让这个争论更深一步，所以从宋代到明代再到清代关于鹌鹑的药用知识不断增加，但关于物种产生及变化的理论性问题却少有进展。

那么，为什么鹑化生这一观点可以维持这么久？其中一个很重要的原因是它与现实世界契合得很好，可以解释很多现象，比如在《本草纲目》中李时珍就用这一理论来解释鹌鹑药性原理、皮毛斑纹等。此外则是因为其难以证伪，尽管《本草衍义》中的记载令人信服地说明了鹌鹑卵生这一事实，但这并不能证伪在其观察范围之外以及在鹌鹑诞生之初是化生的这一认识。所以才会有类似于西方上帝之手作为元推动力观点的"始由化成，终以卵生"，这一观点在之前讨论鹌鹑谱的时候也同时出现[1]。

可见，无论是出于什么目的，在对鹌鹑的细致观察中，中国古人都发现了自然事实与权威说法的差异，但始终缺少范式转换的契机，这一生物学起源认识的范式转化要等到晚清西方知识的传入，以及中国学子学习西方生物学的时候才得以完成。

[1] 后者也可能来自李时珍。

第七章

结语

动物知识在传统经典和名物著作中的保存、积累和传承机制

鹌鹑是中国古人非常关注的一种动物，被当作戏斗动物进行饲养，由此更加深了人们对它的认识。《诗经》和《尔雅》这类包含较多动物学知识的经典著作中就有鹌鹑等的记述，对其的注疏是中国古代动物学知识保留、积累和传承的重要载体。本书以鹌鹑为案例，以《诗经》及其注疏为例，通过对鹌鹑知识传承的探讨，发现了一个从"随文解物"到"因物疑文"的变化趋势，并得出以下结论：

《诗经》名物研究是中国古代动物学知识得以保存、积累和传承的官方阵营。孔子提出的读诗可以"多识于鸟兽草木之名"，给予了对《诗经》中所出现的动物进行描述、记录和解释的合法性理由和地位。三国时期陆机的名物研究开山之作《毛诗草木鸟兽虫鱼疏》提供了样板式的写作模式，为后世所继承。中国古代对经典著作持续不断地进行动态性和创新性阐释的优良传统，是动植物学知识得以在训诂传统中取得一席之地并逐渐增多和受重视的重要原因，这一优良传统在文化记忆理论中也是民族共同记忆得以传承的主要原因之一。

斗鹑活动历史演变及鹑谱流传情况

斗鹑活动可能缘起于人们的日常观察，有一定规范的斗鹑活动兴起于宋代，在元代延续，在明清盛行，但其兴盛原因、传播过程与活动性质不尽相同。宋代的斗鹑活动是随着市民阶级兴起和空闲时间的增多而出现的众多娱乐活动中的一种，明代则是由于统治阶级的喜好与推动，使

得斗鹌活动得以兴盛。在活动性质上，斗鹌活动发生了从市井活动、雅趣活动、豪兴活动到被勒令禁止的赌博活动的性质变化。

以往的研究多认为现存最早的鹌谱是成书于清朝康熙年间的程石邻的《鹌鹑谱》，笔者则认为目前可见最早的鹌谱可能是明代后期张弘仁的《鹌鹑谱》。除此之外，目前可见的鹌谱，大体有五个版本，来源于三个母本。这些鹌谱显示，至迟到清代，人们对鹌鹑身体部位的划分已经形成标准化模式，并注重个体差异性；人们能够辨别不同生长发育阶段的鹌鹑，并认识到环境对鹌鹑生长发育的重要影响；对鹌鹑起源等问题的认识与解释更加依赖自然观察与驯养经验，与前代更加偏重于历代经典解释的倾向相区别。在鹌鹑驯养过程中，人们逐渐对鹌鹑迁徙等生态习性有更加细致的观察与记录，并有偏重于自然解释的倾向，同时有意识地将对其生态习性的认识应用于斗鹌的养殖和训练中。此外，上述鹌谱中还反映出"仁心及物""格物致知"等人文内涵。

戏斗动物谱录的特殊性和科学史角度的研究价值

动物谱录是中国古代动植物知识积累和传播的重要载体。笔者曾在引言中提出，本书是从科学史角度看待动物戏斗活动，并从动物戏斗活动方面进行科学史研究的一个尝试。笔者通过鹌谱这个具体的个案，发现动物戏斗活动及谱录中有大量历史信息值得史学家挖掘和分析，原因有三：

第一，动物戏斗活动参与人群及知识的记录人群具有多样化的特点，既有受教育程度较高的官员和贵族子弟，也有受教育程度相对较低的贩夫走卒，这使得原本接触甚少的两类人群及其知识体系在这里有了一个交汇。笔者已在第三章论证过士人群体作为动物戏斗活动的直接参与人，在谱录的撰写中已经开始对某些非实用性的生物学问题，比如鹌鹑起源进行讨论，笔者认为这样一种趋势与齐尔塞尔所提出的文艺复兴时期的技艺结合以及晚明时期学者与工匠的互动等趋势相一致。

第二，人群的多样性决定了其所记录内容背后所反映思想的多样性和复杂性。当时人们的自然观、动物观、文化观等都可以在这些记录中有所窥见。尤其是士人群体的加入，促成了较为残忍的动物戏斗活动与儒家仁爱的伦理道德的交汇，形成了独具特色的动物伦理。

第三，笔者在对斗鹌谱录的研究中发现，戏斗动物的驯养与对经济动物的驯养有诸多不同，对此类文献的研究将有助于补充人类驯养动物的历史。

动物形象及知识与社会、文化环境的互动

基思·维维安·托马斯在《人类与自然世界》中说："把想象的文学当作历史资料尽管存在着种种弊端，但是如果我们要深入人类的感情与思想之中，文学是最好的向导。"笔者通过分析鹌鹑在不同朝代诗歌中的不同形象，发现社会文化环境、社会制度、统治者的喜好等都会影响人们看待自然的眼光。就鹌鹑这一形象而言，其在汉代被贬低，在明代被抬高，只有在宋代被当作一种自然物而赞美。宋代同样还是斗鹌活动以及鹌鹑画开始大量出现的时代，不同形式文化的互动使得宋代成为某种程度上最具自然科学

精神的一个朝代。明代鹌鹑形象的提高与统治者对斗鹑活
动的喜爱以及将鹌鹑作为应试题目之一的做法密切相关；
统治者对斗鹑活动的喜爱同样还推动了鹑谱的出现和传播；
这几方面的共同作用推动了明清时期鹌鹑知识的记录与
积累。

下篇

明清时期鹌鹑谱合集

*
*
*
*
*

张弘仁《鹌鹑谱》(残本)

明末手抄本

序

志公好鹤，百世犹嗤，鹊彊鹑奔，用刺闺淫，何[1]尚囊鹑盘赛如是[2]耶。至燕赵辽左齐鲁秦晋为尤盛焉，风会起之也，余何[3]为谱哉。

昔修鹤道人，不知其姓名于世，不[4]分炎凉而耽于弄鹑，常雪夜危坐倚石缸[5]漏下者三，忽有鹑当户而立，较之常鹑高大倍之，瞿然[6]而鹤也。奋扬莺然昭然而雄也。道人曰：噫喑其予梦思者乎，忍扬去乎，即而驭之，桡得尺壁，固世之罕其匹也。驭经甸遍国名鹑，悉依然而伏嗣忽凌然而去莫知所之。道人亦不知所在。是知天地非常之气。钟于人则为国士，钟于马则为神驹，于鹑则雄视绝伦者也。无双士千里驹余不得而见之矣，得见鹑之绝伦者乎，故备载物色兼畜驭之法以成一帙，后之观善得其意焉。

西楼翁曰：月令有云，田鼠化为鴽，盖鼠性好偷窃，田家厌之，鴽性好争，侠客爱之，去憎取爱，亦惟变化焉。尔人将为所爱乎为所憎乎亦惟善变可矣。

灵囿苑少监张弘仁撰

[1] 清初刻本作"曷"，其后多一"俗"字。
[2] 刻本少"如是"二字。
[3] 刻本作"曷"。
[4] 刻本少"不"字。
[5] 刻本作"垆"。
[6] 刻本少"然"字。

论食

食五倍者佳，千嘴物也。食尽不分粟者佳，易饱而弄食者不足取也，如鸭趋食者佳而少见焉[1]。

论斗

先咬嘴尖眉细，后咬两耳毛稀，颈雄掌大始乃真奇也，如鸡脚鹰形不易得之[2]。紫叹些些目双小，嘴尖骨重风霜老，顶平眉细项尖高，虎膀凤头鹏翅少，斗则刚柔不乱，庄重不忙，撞之不惊，对敌真切，或贴脸，或接舌，或嗛眼，或接叹，或穿耳穿腮，凿顶揭背皆善斗也。

相鹑法三十则

总论

毛为一身之主，脚乃用力之原，鼻嘴为锋敌之先，脸眼乃受敌之处。又云一大二老三毛稀。

四要

四不斗

斗势

四时捕鹑论

（后缺）

[1] 刻本少"焉"字。
[2] 刻本少"得之"二字。

程石邻《鹌鹑谱》(昭代丛书本)

道光二十九年(1849)刊刻

沈氏世楷堂昭代丛书别集

歙县　张潮山来　张渐进也　同辑

吴江　沈懋德翠岭　校

序

　　昔汉世大酺，创为角抵鱼龙之戏，角抵者，两相犄角，盖斗人为戏也。而于物类，则有斗犬、斗羊、斗鸡，斗鹑、斗画眉，百劳、黄头、鹌鹑、促织之戏，亦因其风俗好尚而以游戏寄意焉。然诸斗法传记俱不载，而惟鸡为最著，如纪渚子疾视恃气之喻，季郈氏芥羽金距之争，传闻既久。迨唐而更盛，唐贾昌弄鸡于云门，雏未出壳而知其雌雄，远闻啼声而辨其勇怯，且能时其饮啄，调其性情，精鉴入神，驯狎如意，何技绝至此乎。余谓驯斗鸡者妙技如此，则凡畜斗物类皆宜然，岂独于鹌鹑可略其法而不之求哉！余偶于笔墨之余，闲搜秘笈，检得此谱，由昔时抄自内府者。嗣访诸家，间有藏留是编，率皆传写混讹，鲁鱼莫辨，复字句鄙俚，未足为法。兹因精为裁订，广为稽求，文以青黄，正其讹伪，俾好事者暇时翻阅，亦如驯鸡精鉴，悉参其微，知时饮啄而调性情，养勇气而远争妒，则余谱不为无助云。

原始

　　鹑之为鸟，不种不卵，盖化生也。《埤雅》曰："鹌，尽也，鹑，腾也。谓物之终尽，则能变化而飞腾，是为虾蟆所变者。"《月令》曰："季春之月，田鼠化为鴽。"注云：田鼠，蟆类俗谓田鸡。鴽，鹑也，方冬之时，蟆含土而蛰，其性从土。春来木旺，克杀其土而不能伸，季月土复生，土木相从化火，因能建羽而飞，故鹑性属火，是以性刚而好斗。夏则北向，冬则南向，避炎寒也。其行奔奔，其飞蹯蹯，本性然也。衣如百结，土色短雏，本形然也。相斗之戏，不知起自何代，惟唐外史云，西凉厩者进鹌鹑于明皇，能随金鼓节奏争斗，故唐时宫中人咸养之。类聚伙舂，畏寒贪食，故易为人所驯养，玩弄于股掌中耳。

相法

鹌鹑既以搏斗争胜负，则选其材之勇懦不可不知。如选将者，必曰虎头、胖胁、熊臂、伟躯，方能临阵摧敌，百战不疲，若以军事付诸孱懦匪人，不独遗敌国羞，抑有舆尸之患也。是将毛色、骨法、诸相先为备列于左。

【头】头如蟹壳阔还平，额最要阔。突似彪豸凹似鹰。面不宜善相。若得坚圆如弹子，定然临阵作将军。头圆而大为上。俗云：头大脚大，斗杀不怕。

【嘴】直紧如钳硬似锥，紧则启毛，硬则力重。三棱似玉世间稀。有三棱形者，有白如玉者，俱要紧硬，即为上相。千嘴不如三嘴巧，披毛带血始为奇。千嘴不疲固好，然终不如三嘴，即败他鹌更上也。

【腿】长劲粗圆骨法全，长则上脸，劲则力重，粗则耐打，圆则骨坚。四者俱全为佳。要如葱白两条悬。俗以葱白腿为上相，总之不宜黄细扁嫩。玉指干筋须忌扁，俗有玉指头、干牛筋之称，却嫌扁短，最要圆大。胫雄掌大必争先。胫掌雄大，蹬踢力重。

【毛】毛薄须知性格灵，毛薄则性灵巧，亦且易于把洗。红如火焰是将军。毛红如火，定有奇力。青黄要老灰无用，青黄色俱要老，嫩色、灰色无用。腿毛疏秀耳毛明。

腿毛疏则身毛硬，耳毛明则身毛薄。

【颔】黑颔一线要分明，紫颔一片色须纯。银颔须识雌相混，惟雌鹌无紫黑颔色，银颔雄者，又为佳论。间杂花麻不可驯。紫黑、皂白相杂，则不为佳。

【眉】黄须老色同金样，白要如银一线长。最忌阔过额顶上，俗谓眉砒，则不肯斗。一见诸鹌先躲藏。

【眼】凹眶珠突朗如椒，红若珊瑚忌混淆。目珠明朗，最忌混浊，红上黄次，瞳子二点精神。圆大将军灵秀巧，作将军则宜圆大，灵秀只可作巧斗。绿珠鬼眼莫全抛。绿珠俗谓绿豆眼，谚云：十绿九不咬，肯咬即是宝。鬼眼其珠碧色，转动不定，此二者俱不肯斗，斗则佳。

【叹】嘴叹应知即是腮，叹即嘴角两纹，长侵腮者。无分长短要查开。此即腮边要开阔也。面色眉毛同叹色，难向场中作将材。鹌相不宜顺色，最要相拗，所谓黄眉皂叹，紫颔白面也。

【面】面须丑凹还须阔，不与眉颔叹色同。此即上文所谓相拗也。赤白苍黄俱要老，最嫌嫩白与轻红。面上毛色要老，轻红嫩白俱不耐咬。

【鼻】净洁丰隆两孔明，最难相称白如银。白鼻为佳，亦要头嘴俱上相，相称为妙。黑则带油红则小，麦皮血嫩总无能。黑则油，红则小，麦皮、血色蹦陷不明，俱不堪斗。

【骨】骨重筋多最是强，一条腹骨硬还长。鹌骨最要坚硬重实，方堪斗咬。鸢肩龟背棱撑样，鹤立如山压四方。鸢肩开笋，龟背高阔，俱为上相。立则昂然如鹤，稳重难得。

【胸】挺然阔厚与宽平，毛紧皮坚露锦纹。头大颈粗身亦称，留心看取项间铃。花玉铃铛俱上相，俱在胸前细视。

合相名目

丹山凤。长毛绒缕，赤锦烂纹，首尾通身修俊，颈毛振起如凤，此乃鹌中之王也，雏然一鸣，万鹌皆伏，登场孰敢争锋，见者尽皆却走，此鹌则旷世而仅见者也。

五色鸾。青毛、朱项、黄眉、绿眼，嘴鼻如玉，紫颌皂叹，赤面银脚，相不雷同，彩色兼备，身首修伟者，此丹山凤之次也。

赤绒豹。毛杂长缕，颈毛则如赤凤，而身短小者，此鹌中之上将也。

玉麒麟。通身毛羽尽皆白色，有此异相必有奇斗。亦要身首修伟，方称其名。

锦毛虎。通身毛羽赤锦一片，亦上将也。

生铁牛。把之不盈一握，称之倍重他鹌，筋骨全如铁石，皮毛坚类金钢，此鹌最能咬斗大鹌，登场夺帜者也。

无敌将军。对膔足重四两，斯谓无敌大将军。俗云：鹌重三两九，见者皆奔走。此之谓也。

狮子裘。通身毛羽碎杂不纯，参差卷折，必要中杂绒毛，方谓狮子裘也。足粗头阔，登场无敌。

锦绒球。止有头圆大，尽拖绒缕，红黄阑色，亦称奇相。

银海紫金梁。颌腹一片如银，顶毛一线红亦是也。又谓项下全白，一线紫颌。二者未分孰是，余则取顶毛为正也。

赤背雕。背毛一片赤如火色。

青背雕。背毛一片全青皂色。

金背雕。背毛一片全老黄色。

朱顶鹤。顶毛一线红赤如朱。

金抹额。顶毛一线老黄如金色。

银抹额。顶毛一线全白如玉。

赤项鹰。颈毛红如火色。

白项鹰。颈毛白如银色。

金项鹰。颈毛老黄如金。

青面兽。面阔兜凹，形状诡怪，青黑杂毛短碎光秃是也。

彩重眉。重开两眉，毛色不一，红黄银色上下错综，亦异相也。

连珠箭。翅上老毛连根，白色两翅对生，多少相合，亦异相也。

左连珠。或生一翅连白数根是也。若单一根白毛，谓之珠箭也。

右连珠。同上。

连珠顶。顶毛断续白毛数根是也。若止一根白毛，则谓顶珠。

连珠项。颈毛接连数根白毛是也。若止一根白毛，则谓项珠。肩上白毛谓之挂白，背上白毛连者为连珠背，一根为珠背，以其名色太繁，姑并记此。

玉铃铛。胸前一根白毛。

花铃铛。胸前数根白毛。

左、右插花。头上一根白毛，或左或右。

白龙尾。尾毛一根纤长洁白。

青龙尾。尾毛一根长黑光朗，此多年之白毛变者，最为难得。

拥白旄。尾上诸毛一片皆白。

金跨。两腿长毛黄如金色。

银跨。两腿长毛白如银色。

入银滴珠。胸前毛上点点，或红珠或白珠无数者是也。不类常鹌，入手可辨，然雌鹌或具此相。又看尻后青黑色者，雌也。

白玉柱。两腿粗圆高大，洁白如玉者是也。

双猿攫。两腿擎奇搓揉不定，俗又谓之通臂猿。

孤鹰攫。或一足悬擎如鹰立然，皆异相也。

十八奇。多年老鹌，腿皮生甲，奇者尖鳞也。足面每只九个最为难得，单奇胜双奇，双奇胜无奇。

十四指。鹤有双足，上累累恰有十四指者，此异相也，最为难得。

绿耳猱。两耳长毛绿如翡翠，如此等鹤最为灵异，斗时能以巧胜狠鹤。

雌雄雁。鹤鸣要如雁唳，直强者不为佳，其声高低相和，嘹呖悠扬者上品。

龟背。背如龟茸，亦云奇相。

玉啄。嘴同玉色，也作奇称。

不斗劣相

骨响。鹤把入手吱吱作声不住者，此骨响也，最不肯斗。

鸡鸣。鹤声啾啾若小鸡鸣不已者，此初出嫩鹤也，并不识斗。

麦鼻。鹤鼻二点若麦皮色，亦系嫩，不识斗。

硫眉。眉阔过额，头则扁小，不耐斗。

蒜头。头尖小如蒜瓣者，不耐斗。

扁腿。两腿扁者，不耐斗。

脚短。两脚短，则踢打不能上他鹤身，故不耐斗。

毛厚。毛不薄，则把不坚，毛多最不耐他鹤咬。

身轻。身体轻小，则不耐斗。

脚软。不耐斗。

对相。头面眉颔叹不拗，则相善，不耐咬。

真雌。不斗。

毛如灰色。毛色嫩，则不耐咬。

面色浅嫩。不耐咬。

杂名目

田里宿。养熟好鹤，或因过时放去，或误使飞去，因就田野稻粱过春夏间，冬来复为人网得者，又胜于人家笼鹤。若因败放去田里宿，又不好矣。

败羵子。羊无角之谓羵，一见他羊鼓舞争斗，略经一触即行败走，至死亦不敢再斗，此即败鹑之比也。只堪养以排斗生鹑，不可上场争胜负。俗谓败桶子，非。

斗雌。凡雌者见鹑不斗，亦有肯斗者，上等有二三百嘴，中等亦有百余嘴，然只堪阵前，不耐阵后，若遇真斗狠鹑，此则不斗不走，淡然而已，不可用以上场争胜负。

养饲各法

既有佳鹑，则养之者又不可不如法以调饲之。若不善养，纵有上相之鹑，亦有折辕之叹。如牧骐骥者不尽刍谷，又失习御，求其为千里也几希矣。更列养饲调把诸法于后。

【养法】

生鹑自网上得者易养，自嘈笼中得者难养。今贩鹑者皆千百为一笼，共相嘈杂食宿一处，见惯狎熟，岂肯见鹑即斗？若选有佳者，必置于空袋中饿二三日，驯其野性，忘其熟狎可也，若得于网上者，即可洗把调饲之矣。

【洗法】

鹑最宜洗，洗则易熟，肥鹑洗去浮膘以便于把，瘦鹑洗之，骨肉尽皆坚硬，故鹑愈洗愈妙也。嘈笼之鹑已饿二三日，即以温水洗之，毋灌耳毋沸目，只洗透通身毛羽，以薄布裹之，手中把干者妙。毛干则放而微调之，已出声叫哺，则微以粟饵之，如肯抢食即已驯熟。如不出声，但在洗时向顶上鸣哨数声，以鼓其窍。

【饲法】

鹑之斗者争食也，故喂食之法为最。肥则减食，肥嫩则不耐咬。瘦则加食，瘦小则无力。只以对膘为准。无浮膘，生实肉，谓之对膘，方可上场争斗。生鹑之食无定数，生鹌如瘦小，则宜尽饱养壮大。熟鹌之食最宜均，熟鹌之食皆有分数，朝暮二时喂把如法，每时只在钱外勾引，不出分。稍若失调，非瘦即肥，即难定斗时胜负，故有"食饱不斗，饱则不肯争食，而嘴慢则必输于他鹌。太瘦不斗，瘦则不经他鹌咬打。太肥不斗"之戒。肥则畏疼，不禁咬打。

【把法】

鹌最宜把，不把不能驯，凡生鹌骨肉肥泛，故时时把之，去其浮膘，使其筋肉皮骨皆成坚顽，上场争斗受他鹌狠咬，不畏不伤，方可取胜。俗云"耐得老拳成好汉，咬死不走是将军"是也。若不善把，肉肥皮嫩，遇下色鹌一二十嘴，定然畏痛，即行败走矣。

【斗法】

鹌胆最小，斗时最忌物影摇动，疑为鹰隼，惊惧躲藏，胆落如痴，不独临场即输，亦费多方调养，才能振其雄气，故斗时放圈下，须人声悄静，各使搜毛讫，方齐下圈斗。优劣既分，输赢已定，即下食分开。其败者俗谓桶子是也。胜鹌若带微伤，洗养五七日即可斗，伤若重，必要伤疤全愈，方可洗把上场斗也。

【调法】

鹌既宜把，若把不释手，则又不可，又当勤调之。把若久，则谓把过了，反伤其皮骨，不能灵动，故宜勤调。调时毋多与食，或数粒或数十粒，随手调习数回，俗谓之勾。调毕又把，把久又调，把调既久，又将入袋或任其自搜毛羽，或任其自鼓羽翼，稍以他鹌见之，此则呼奋争先，此调之驯熟者也。然亦不可屡与他鹌见之，恐狎熟又不肯斗。俗谓"勤勾懒照"是也。

【笼法】

鹌宜老者，然多年生鹌绝不可得，若养有好鹌，已斗过时，岂肯放去，必作笼畜之。过夏笼底着土，必要干沙土。笼面结网，晴悬露下，雨悬室中，霜打日晒亦无妨也。水粟多置笼中，任其饮啄，春时常以带泥青草与其嗛啄，五六月间必然换毛，八九月间换毛已齐，十月间看其翅尖老羽俱满即可。出笼时以温水濯其足，当斗时则照旧洗把上袋。

【杂法】

打浮膘添实膘。浮膘累累泛起，洗透减食，时以苦茶饮之，勤勤把到，浮膘自去。瘦小无力，加食饲之，喂粟时以水拌，微带湿，食之自然生实膘。

滚手。鹑之滚手不服把也，此病皆系手冷，人乱把无常法故也。以火烘热手，依时把之，自然服手。

粪稀。人手心中有真火，鹑把过时则受此火毒，粪稀如水，当以菜叶食，或苦茶微饮，用解此病。

粪生虫。鹑粪中有活虫枭枭动者，此食杂也。当纯以粟饲之，勤把洗之。则无是病。

不鸣唤。鹑饮食如常，但不鸣唤，不驯熟之过也。洗时用哨当顶鸣喝数声，鼓其窍，壮其胆，必然出声矣。

头缩。此因把时前指提头不高之病，可洗透复把。

尾后坐。立则后坐者，此后指重也，洗透复轻把之。

脚不直高。立不高者，把时脚不扯直，大指掌后压未紧故也，复洗重把之。

养斗宜忌

伯乐神鉴。上相名鹑，片材一艺，皆要识者辨出，方可用意饲养，庶不负真材也。故以鉴赏家为第一。此下养鹑之人。

老手善调。鹑最宜调，若得老手惯家调之，方能驯熟。上相名鹑，必敦请善调者付之。

裘马豪俊。斗鹑鹑人最要豪爽，一呼百万，意气凌云。走马斗鸡之辈，长安游侠之徒，是所宜也，寒酸猥琐之流，殊不相合。

童仆解意。随从童仆皆善调把，亦养鹑之一助也。

锦袋绣笼。此养之具。

曲房暖阁。此斗之地。

精室晴窗。

重币求贤。斗有上相名鹌，不惜重价求之，岂独名重四方，亦收贤人之用。此下斗鹌之品。

千金马骨。远求名鹌虽已死伤，莫悔购价，四方闻名，必得上相鹌至矣。

胜人勿骄。斗胜人鹌，自莫矜夸，恐众人恶之，并力觅名鹌相较，致损我名。

己败勿怒。己鹌斗败，直作游戏观，慎勿怒形于色，方为有容之士，宜慎选佳者悉心重养。

败鹌勿杀。有人见自鹌败者，辄愤怒而揉捽踏裂之，此最不可。或因一时自失调把，与鹌何与？而故杀之者，非仁人也。如此等人，一生必无名鹌到手。

肥鹌勿食。有人将下色鹌或败鹌养肥，以充口腹者，此诚无仁心之忍人也。既欲养以用其力，又复杀之食其肉，必犯造物之忌，终身不遇名鹌。

劣者即放。凡有下色劣鹌，不堪调把者，即放之飞去，任其遂生，切勿仍留养之，或饿死或误死，皆成罪过。

败者犹饲。鹌已经败过，或仍养饲之，或养好纵之飞去皆可，切勿因其败减食致死，俱成罪过。

勿务多养。名鹌只可养一二头，中鹌或二三头，最善调把之人，上养得二头足矣。若务多养，不独把饲不周，即有失调之病。

勿贪屡斗。好鹌勿贪屡斗，当养其力、蓄其气，以待大敌可也。屡斗力疲，误输可惜。

勿接人斗。莫谓人鹌强我，更将别鹌接斗之，何苦必败他鹌，亦非仁人之意。

勿接斗人。莫谓己鹌强，更接人鹌斗之，当惜其力，恐有失误。

因憎减食。有不如我意之鹌，不可短废其食，当即纵去，莫致伤命。

因爱责人。自爱佳鹌，或误为童仆惊触损坏，亦不可鞭责此人，当知贵人贱畜之义。

羽毛涂毒。有人临斗时，将自鹌毛羽上涂椒辣毒物，使彼鹌嗛咬受毒即败者，此亦非仁人君子所为。毒物魇术，当有恶报。

手指暗伤。临斗时，有人假意为看鹌毛色，以手指掐捏或暗藏针刺我鹌，斗致输与彼者，此不仁之极也。俗谓翎毛不过手，当记之。

藏勇杀弱。人有上色佳鹌，饰为委弱之状，斗杀中下之鹌，罪过尤大。

争败为胜。败为败，胜为胜，方为君子，临场争论，小人状也。

名鹌混斗。有名鹌，而屡屡与杂鹌混斗，非惟可惜，其人亦无知辈也。

勇健失调。勇健佳鹌，不善调把，致令误坏，自堪痛惜。

当场赖采。注采夺标，豪兴事也，若当场与人争论，恶俗之极。

争胜伤人。有人争胜负，以致两相詈骂殴打者，恶俗不堪。

把调无倦。养者无惰心，当时刻调把之。

斗养依时。依时养之，依时斗之，庶不失其法。

养必依法。即系如前诸法。

斗必择地。即系如前斗地。

近市喧哗。哗则易惊鹌。

叠观杂沓。杂则易影鹌。

义气周贫。有贫贱人，借养鹌斗鹌以资生者，又当破格，而周给之。

仁心及物。即上不食、不伤、不杀、不涂毒之类。

谱中所载百法大备，然言究易尽，而理或难穷，凡调养有寒暖之时，而争斗有先后之节，又在临事善其转变，当局相其权宜。且鹌亦间有上相而转劣，或无相而反优，此又格可常定而法难执一者也。惟俟博物君子，充夫法中之意，搜其法外之奇，以补是谱所未及焉。

程石邻《鹌谱》（汉卿氏点校本）

中国科学院自然科学史研究所藏稿本

抄于嘉庆十七年（1812）

注：红字为与昭代丛书本有较大不同的部分

首卷

序

　　昔汉世大酺而为角抵鱼龙之戏。角抵者，两相犄角，盖斗人为戏也。而于物类，则有斗犬、斗羊、斗鸡，斗雉、斗画眉、百劳、黄头、鹌鹑、促织之戏，亦因其风俗好尚而以游戏寄意焉。然诸斗法传记不俱载，而惟鸡为著，如纪渻子疾视恃气之喻，季郈氏芥羽金距之争，传闻既久，迨唐而更盛。唐贾昌弄鸡于云门，雏未出壳而知其雌雄，远闻啼声而辨其勇怯，且能时其饮啄，调其性情，精鉴入神，驯狎如意，何技绝至此乎。余谓驯斗鸡者妙技如此，则凡畜斗物类皆宜然，岂独于鹌鹑可略其法而不之求哉！余每于笔墨之余，闲搜秘笈，捡得此谱，犹昔时抄自内府者，嗣访诸家闲有藏留是编，率皆传写混讹，鲁鱼莫辨，复字句鄙俚，未足为法。兹因精为裁订，广为稽求，文以青黄，正其讹伪，俾好事者暇时翻阅，亦如驯鸡精鉴，悉参其微，知时饮啄而调性情，养勇气而远争妒，则余谱不为无助云。

时　庚戌一阳月

练水石邻程子　漫识于啸云别业

171

经曰：玩物丧志。凡诸游戏足以供耳目快心思者，各有风俗好尚，君子处其中亦不能无移焉。虽然夫子云，不有博弈者乎，为之犹贤乎已。人于退暇时，耳目无所摄，心思无所用，或偶借一事一物以游其目，以骋其怀，若斗鸡走狗宜无不可。他如画眉，百劳、黄头、鹌鹑、促织等斗戏，咸自古有之。夫既有诸斗物，则其养畜诸斗物之法亦自有传。余偶于残籍堆中捡的《鹌鹑谱》一牒，细阅遍，知为程子石邻所著。原本抄自内府，加以访求裁定，凡名相调养各法无不备载，余复为参校，用付剞劂。养鹌者得此谱，迨无不精鉴入神，驯狔如意，其妙技几遍天下矣，顾尤有说焉。斗为之戏，本近于争，而当场胜负一呼百万，胜者情怡，负者兴索，矜喜愤怒之气迥不相谋，岂尽能恬然已乎。吾愿斗鹌者偶尔游戏，毋伤大雅，胜负虽判，喜怒莫形。庶几著斯谱者可告无罪于天下。并凡畜斗物者，皆当阅斯谱准斯说也，厚望深深焉。

时　嘉庆壬申蒲月

汉卿氏　校改于金城出纳科中

余言谱中所载，百法大备，然言有未尽而理或难穷。凡调养有寒暖之时，而争斗有先后之节，又在临事推其转变，当场相其权宜，且鹌间有上相而转劣，或无相而反优，此又格可常定而法难执一者也。惟俟博物君子充夫法中之意，搜其格外之奇，以补是谱所未及焉。

汉卿氏又识

跋

夫自无生有，从素生华，思欲借一技以明古今不易之理，此古有心人混同天之所由作也。今观斯谱，合易象以会其旨，辑诗义以文其名。凡天地山川、霜露日月以及草木虫鱼，皆足以供书写。当夫良朋雅集、花前月下、酒后茶余，取是而较胜焉，其必开人神智，而使用心于无穷，良有益也，岂与博弈呼卢相雄长哉。

静轩主人[1]识

其后有一收藏者王烜[2]书写于"丙寅（1926）之夏"的收藏题记：

《鹑谱》二卷，排比秩秩，有条不紊，当系缮定原本，可宝也。

丙寅之夏购自寅兰市　著明并识[3]

并钤两方图章，上面图章文字为：王烜字著明，皋兰人。

下面图章似乎记其行迹，文字似乎为：北眺金兰，东瞻曲阜，西登剑阁，南渡珠江。

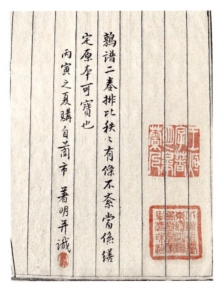

王烜所书题记和钤章书影

[1] 这个静轩主人是谁暂不清楚。
[2] 王烜（1878—1959），字著明，一字竹民，书斋名存庐，兰州（皋兰）人，27岁考中光绪甲辰科进士，1949年后任甘肃省文史馆副馆长。
[3] 此题款为后来收藏者王烜所写。

原始

鹌之为鸟，不种有卵，亦化生也。《埤雅》曰：鹌，尽也，鹑，腾也。谓物之终尽，则能变化而飞腾，是为虾蟆所变者。《月令》曰："季春之月，田鼠化为鴽。"注云：田鼠，蟆类。鴽，鹑也，方冬之时，蟆含土而蛰，其性从土。春来木旺，克杀其土而不能伸，季月土复生，土木相从化火，因能建羽而飞，故鹑性属火，是以性刚而好斗。夏则北向，冬则南向，避炎寒也。其行奔奔，其飞蹭蹭，喜暗惧明，诸鸟皆畏，本性然也。衣如百结，土色短雏，本形然也。相斗之戏，不知起自何代，惟唐外史云，西凉厥者，进鹌鹑于明皇，能随金鼓节奏争斗，故唐时宫中人咸养之。类聚伙夥，畏寒贪食，故易为人所驯养，玩弄于股掌中。雄斗雌不斗，既有雌雄，岂无卵生。卵生者，鹑卒也，三四月而生，是为罗鹑，及秋，毛托白堂，此系本年嫩鹑，多不耐咬。又有能咬三四百斗者，号曰青翅儿，即喂养之，以待来年，毛骨换老，又足以当大事也。

相法

鹌鹑既以搏斗争胜负，则选材之勇懦不可不知。如选将者，必曰虎头、胼肋、熊臂、伟躯，临阵摧敌，方能百战不疲。若以军事付诸屡懦匪人，不独遗敌国羞，抑有舆尸之患也。特将毛色、骨法、诸相先为备列于左。

【头】

头如蟹壳阔厚平，<small>额最要阔，</small>

突似彪豹凹似鹰。<small>面不要善。</small>

若得坚圆如弹子，<small>头圆面大为上相，头大脚大，斗杀不怕，</small>

定然临阵作将军。

头顶中间，手抹无吉者，千难万难，若得一者，名曰凤蛋，足以强天下矣。

【嘴】

直紧如钳根角大，<small>紧则启毛，大则力重。</small>

三棱似玉锦添花。<small>有三棱形者，上接冠者佳。</small>

普陀即是鸭子嘴，<small>扁嘴形者，名曰普陀铲，难得。</small>

披毛带血怎不怕。

黑者牛角嘴。<small>佳。</small>

蓝者豆青嘴。<small>佳。</small>

红者为铜嘴。<small>次。</small>

黄色有黑丝者乳香嘴。<small>佳。</small>

嘴向上直紧。<small>名曰塔鼻厥嘴上相。</small>

嘴稍紧弯回者。<small>名曰大金钩小金钩。</small>

【腿】

长劲粗圆纹如缠，<small>长则上脸，劲则力重，粗则耐打，圆则骨坚，腿纹缠者，名曰缠丝腿，千中选一。</small>

由如葱白两条悬。<small>白腿为上，总之不宜黄、细、扁、嫩，为忌。</small>

乌指干筋须忌扁，<small>有乌指甲、干牛筋之称，却嫌扁短，最要员</small>[1]<small>大。若并嘴黑者，名曰九连灯</small>

胫雄掌大必争先。<small>胫掌雄大，蹬踢力重，稳如泰山，虎指向上者佳。虎指，即后小指也，脚掌底指节处要有疙瘩者佳。</small>

【毛】

毛薄须知性格灵，<small>毛薄则性灵巧，亦易于把洗。</small>

色红如火是将军。<small>毛红如火，定有奇力，以本性之力，合本身之色，是以红者多斗。</small>

青黄黑白大需用，<small>青黄黑白要老，嫩灰无用。</small>

---

[1] 同"圆"。

腿毛秀紧耳毛明。腿毛要紧身毛要硬，耳毛要明。

身毛硬而翠烂有绒者，名曰绒绣球。甚佳。

身毛绵如棉花者，名曰绵蝶。长相。

【颌】

黑颌一线要分清，紫颌一片色须纯。

银颌细识雌相混，其余花麻终不成。

惟雌鹑无紫黑两色，雄者银领又为佳，论紫黑皂白相杂不取。

【眉】

黄眉要宽白如线，接白勇猛甚可观。

最怕横过额顶上，即斗不过白嘴藏。

俗为眉硪而横，即孝头是也，有何吉焉。

【眼】

眼要精神朗如椒，目珠明朗，各要分明，最忌混浊，红上黄次，瞳子一点精神。

红若珊瑚忌莫要。

圆满将军灵秀巧，

绿珠鬼眼且慢抛。

宝石眼。即洋磁眼，色如泥兴壶者为真红眼。

鹰眼。即黄眼，黄如金色透水者为是。

豆眼。绿珠代金色者为豆眼，若无金色，称豆眼者非。

鬼眼。其珠碧色纯绿，转动不定

鸭子眼。色如青泥，瞳仁黑小，上等人多误认为混而不识。

悬精眼。<small>瞳仁上吊，绿色者佳。</small>

云眼。<small>为豆子眼，精内有黑点者是也，称佳忌精混。</small>

鼠眼。<small>睛仁不分，混乌者是也。</small>

朱砂眼。<small>真正同朱砂色不二者佳。</small>

珊瑚眼。<small>红批：不咬。</small>

看眼总以瞳仁黑小，久久不散，光如点漆，精神异常，全无倦怠之相为看法，谨忌元大惊恐之相。

【叹】

嘴叹之名即是腮，<small>叹即嘴角两纹，长侵腮者是也。</small>

无论黑红要分开。

面颜眉毛同叹色，

难向场中作将材。

鹑相不宜顺色，要拗，所为（谓）黄眉、皂叹紫、领白、面者也。叹要一点，最忌通眼，叹毛内有血色者佳相。

【面】

面须丑凹还须阔，不与眉领叹色同。

赤白苍黄俱要老，最嫌嫩白与淡红。

面上毛色要老，轻红嫩白无用。无用者，不耐他鹑咬也。

说与诸公细细瞧，

难求眼底厚道毛。

若得此中真异味，

盖世之鹑要到老。

咬鹑就在此处得视，实是一点眼力，难以管城描述。

【鼻】

净洁丰隆两孔明，最难得者白如银。

黑则带油红则小，麦鼻血嫩总无能。

【骨】

骨重筋多堪称强，一条腹骨硬且长。

鸢肩龟背棱撑样，鹤立如山压四方。

鹌骨要坚硬重实，轻浮无用，鸢肩开耸，龟背高满，立则昂然如鹤，稳重难得，皆是上上佳品。

【胸】

挺然阔厚与宽平，毛紧皮坚露锦纹。头大颈粗身相称，留心看取项间铃。

花玉铃铛俱称上相，胸前细视，黑点者为葡萄架，红者为点豹。

上相名目

丹山凤：长毛绒缕，赤锦烂纹，首尾通身修俊，颈毛振起如凤，此乃鹌中之王也，雏然一鸣，万鹌皆伏，登场争锋，见者尽皆却走，此鹌则旷世而仅见者也。

五色鸾：青毛、朱项、黄眉、绿眼，嘴鼻如玉，紫领皂叹，赤面银脚，相不雷同，彩色兼备，身首修伟者，此丹山凤之次者也。

赤绒豹：毛杂长缕，颈毛则如赤凤，嘴长头圆足大，身法短小者，此鹌中之上将也。

玉麒麟：通身毛羽尽皆白色，有此异相必有奇咬。亦要身首修伟，方称其名。

然而相异，多不与俗鹌比试，其奈不斗何？

锦毛虎：通身毛羽赤锦一片，相貌异奇，亦上将也。

生铁牛：把之不盈一握，称之倍重他鹌，筋骨全如铁石，皮毛坚类金钢，此鹌最能咬斗大鹌，登场夺帜无二。

无敌将军：对臕足重四两，斯谓无敌大将军。俗云："鹌重三两九，见者皆奔，此之谓也。"

狮子裘：通身毛羽碎杂不纯，参差卷折，必要中杂绒毛，足粗头大，登场无敌。

锦绒球：止有头圆大，尽拖绒缕，红黄烂色，亦称奇相。

银海紫金梁：领腹一片如银。顶毛一线红亦是也。又云项下全白，一线紫额。二者未分孰是，余则取顶毛为正也。

青面兽：面阔深凹，形状诡怪，青黑杂毛短碎光秃是也。

彩重眉：重开两眉，毛色不一，红黄银色上下综错，亦异相也。

赤背雕：背毛一片赤如火色。

青背雕：背毛一片全青皂色。

金背雕：背毛一片全老金色。

朱顶鹌：顶毛一线红赤如朱。

金抹额：顶毛一线老黄如金色。

银抹额：顶毛一线全白如银。

赤项鹰：颈毛红如火色。

白项鹰：颈毛白如银色。

金项鹰：颈毛老黄如金。

连珠箭：翅上老毛，连根白色，两翅对生，多少相合，亦异相也。

左连珠：或生一翅，连白数根是也。若单一根白毛，谓之珠箭。

右连珠：与左连珠同。

连珠项：颈毛接连数根白毛是也。若止一根白毛，则谓项珠。

肩上白毛谓之挂白。

背上白毛数根谓之满天星。

背上一根白毛者谓之背刃。

胸前一根白毛谓之玉铃铛。

胸前数根白毛谓之一串铃。

左、右插花：头上一根白毛，或左或右。

白龙尾：尾毛一根纤长洁白。

青龙尾：尾毛一根长黑光朗，此多年之白毛变者，最为难得。

拥白旄：尾上诸毛一片皆白。

跨金丝：两腿长毛黄如金色。

跨银须：两腿长毛分外洁白。

金银滴珠：胸前毛上点点，或红或白或黑无数者是也。不类常鹌，入手可辨，雌鹌或具此相。又看尻后青黑色者，雌也。

白玉柱：两腿粗圆高大，洁白如玉者是也。

双猿臂：两腿擎奇搓揉不定者是也。一名通臂猿，又名悬羊擂鼓，又云双流星，得十者十斗。

孤立朝纲：一足悬擎如鹰立者，异相也。

十八奇：多年老鹌，腿皮生甲，奇者。圆鳞也，腿面每只九个最为难得，单奇胜双奇，双奇胜无奇。

十四指：鹌有双足，上累累恰有十四指者，此异相也，最为难得。

四翅儿：鹌有双翅，上累累有重生小翅者，最为难得。

绿耳狲：两耳长毛绿如翡翠，若得此等鹌，最为灵异，斗时能以巧胜狠鹌。必能灌耳咬眼接舌全来，得者宝之。

雌雄雁：鹌鸣要如雁唉，直强者不为佳，其声高低相和，嘹呖悠扬者为上。

龟背：背如龟耸称佳。

玉琢：嘴同玉色称奇。

不斗劣相

骨响：鹌把入手，吱吱作声不住，此骨响，即谓鸣骨，此等鹌最不耐咬。

鸡鸣：鹌声啾啾若小鸡鸣不已者，此无用之物，而且并不识斗，即斗并不能耐久，把之人前亦与主人作羞态之愧，放去可也。

麦鼻：鼻子二点若麦皮色者，无用。

硴眉：眉阔过额，头则扁小，三二十斗，力尽汗干。

扁腿：两腿扁者，斗之无力，不久。

蒜头：头尖小如蒜瓣者，不咬。

脚短：两脚短，则踢打不能有力，故不取。

毛厚：毛不薄，则把不坚，毛多最不耐咬。

身轻：身体轻小不耐咬。

脚软：脚软者不斗。

对相：头面眉额叹不拗，乃是善相，不咬。

真雌：真雌则不斗。亦有能斗三二百者，惟遇三笼老鹌，畏而不斗。

毛如灰色：毛嫩如灰色者，不耐咬。

面色浅嫩：面色浅嫩者不咬。

杂名目

田里宿：养熟好鹌，或因过时放去，或误使飞去，因就田野之中，过春夏间，冬来复为人网得者，又胜于人家笼鹌。因败放去田里宿，又不好矣。

败羝子：羊无角之谓羝，一见他羊鼓舞争斗，略经一触即行败走，至死亦不敢再斗，此即败鹌之比也。只堪养以排斗生鹌，不可上场争胜负。俗谓败桶子，非。

真雌鹌亦斗：凡雌者见鹌不斗，亦有能斗者，上等有二三百嘴，中等有百余嘴，然而只堪阵前，岂耐阵后，若遇真斗老鹌，此则不斗不走亦不鸣叫，淡然而已，不可用以上场争胜负，致受人笑论非。

养饲各法<small>喂食也</small>

既有好鹌，则养之者又不可不如法以调饲之。若不善养，纵有上相之鹌，亦有折辕之叹。即如牧骐骥者不尽刍谷，又失习御，求其为千里也几希哉。更列各法于后。

养法

生鹌自网上得者易养，自嘈笼中得者难养。今贩鹌者，皆千百为一笼，共相嘈杂食宿一处，见惯狎熟，岂能见鹌即斗？若遇有佳者，必别置于空袋中饿三两日，驯其野性，忘其熟狎，饿去浮油可也，若得于网上者，即可洗把。

洗法

鹌最宜洗，洗则易熟，肥鹌洗去浮膘以便于把，瘦鹌洗之，骨肉坚硬，故鹌愈洗愈妙也。洗后不可当风把之，恐风冷致鹌受伤，甚[1]之、甚之。嘈笼之鹌已饿三五日，即以温水或淡茶洗之，毋灌耳毋沸目，只洗透通身毛羽，以纸裹之手中把干。毛干则放而调之，已出声叫哺，即以食饲之，如能抢食是为熟矣。如不出声，但在洗时，向顶上鸣哨数声，以鼓窍以壮胆可也。

把法

鹌最宜把，不把不能熟，凡生鹌骨肉肥泛，故时时把之，去其浮膘，使其筋肉皮骨皆成坚顽，上场争斗受他鹌狠咬，不畏不伤，方可取胜。俗云："耐得老拳成好汉，咬死不走是将军。"若不善把，肉肥皮嫩，遇下色鹌一二十嘴，定然畏痛，即行败走。返讲工夫莫到，可笑矣。

[1] 同"慎"。

斗法

鹌胆最小，斗时最忌物影摇动，疑为鹰隼，惊惧躲藏，胆落如痴，不独临场即输，亦费多方调养，终能振其雄气。故斗时放圈下，须人声悄静，各使搜毛讫，方齐下圈斗。优劣既分，输赢已定，即下食分开。其败者俗谓桶子是也。胜鹌若带微伤，洗养七日一转方可斗，伤若重，必要伤疤全愈，七日一转方可上场。

调法

鹌既宜把，若把不释手，则又不可，又当宜调之。把若久，则谓把过了，反伤其皮骨，不能灵动，故宜勤调。调时毋多与食，或数粒或十数粒，随手调习数回，俗谓之幻。调毕又把，把久又调，把调既久，又将入袋或任其自搜毛羽，或任其自鼓羽翼，稍以他鹌见之，此则呼奋争先，此调之驯熟者也。然亦不可屡与他鹌见之，恐狎熟又不肯斗。俗谓"勤勾懒照"是也。

笼法

鹌宜老者，然多年生鹌绝不可得，若养有好鹌，必作笼畜之。二月择吉入笼。笼底着土，必要干沙土，笼面结网，晴悬露中，雨悬屋下，即霜打日晒亦无妨也。水谷多置笼中，任其饮啄，春时常以带泥青草与其嗛啄，五六月间水食更要加心防热，七八月间吊毛，水食加心，饲一活食。九月则毛换齐，总以毛羽长老，不可性急取出。经霜在露，十月初看其翅子边毛俱老，择吉出笼。时以温水洗其足，洗净腿上泥垢，净之，擦干水气，然后入布袋内。二三日先为过食，能在亮袋内食谷二钱者或一钱五分者，方散入手洗把，若只过食数分、钱许，万不可入手洗把。以入手则鹌鹑之嗛不能开矣，则不能食大食，则终不能有大力矣，此是耍老鹌之要诀也。如食过足，然后洗把，擎空三次者则浮油去。鹌身畅达，皮肉骨自然坚实。总在二十日以外，方可用败鹌绐之，试斗上年的咬相。然后洗把照常。如法调把，庶不失笼鹌鹑之规理也。不善养鹌者，是仍说毛羽未满，气血焉能长足，兼之拖[1]毛之初，先将边翅拔去三五根，以利速为出笼，君想焉有此理。又以羽毛未满之鹌，心急出笼洗把，一谓得意，笼鹌上手，并不讲究过食、擎把的工夫，上手五七日即斗，即上相之鹌，必有折辕之叹，岂不惜哉。又以满口糊论今年忌笼不咬之说，又发可笑之极，岂不思自己工夫未到是也。即如马有千里之程，然有骑千里之马者。尚然不能，而况鹌在笼内，经年屡月，地方只有尺余，羽翅不能豁然，腿足焉能流利，积油未净，耍工未到，求其速咬，能乎？盖有之矣，吾未之见也。

红批：所论精细，当依是法，殊致不错矣。不然可惜一年工夫，使与无用之日。好容易笼养一年，不在易处。

笼鹌要法

笼鹌者，笼养一年之老鹌也，地方只有尺余，食宿只在斗室，周身不能和畅。兼之满年安居，耍法宜要内油去净，油净则耐打常[2]久不喘。不怕外油不净，即外油不尽，老鹌临敌亦不能畏痛而走也，此是要净内油之言也。老鹌有内油不净者，必然跳跃气喘，焉有不败之理。

红批：老鹑难耍，内油去尽，又何愁焉？

新鹌要法

新鹌者，从网而得之也。食宿旷野之间，飞腾任其自然，即内油不去净，亦无害于事，全在去净外油，外油不净，畏痛不咬。即有上相好鹌，斗之中猛受他鹌狠嘴，难保疏虞，此是要净外油之论也。

[1] 同"脱"。
[2] 同"长"。

打浮膘添实膘

浮膘累累泛起，一曰失工夫，二曰食未定，忽多忽少，三曰太热，只可洗透减食，苦茶饮之，勤勤加工把到，浮膘自去矣。瘦小无力，加食饲之，喂谷时以泥水拌湿喂之，再以泥水另饮之，自然生实膘矣。

首卷终

次卷

滚手

滚手者，不服把也，此病系手冷之人乱把无常缘故。以热手把之，自然不滚，还要自己留神，果否手冷之病，手指轻重高低不合适也，并祈各宜量之。

往往下品愚人遇滚手之鹌，辄然发性动气，或摔掷揉踏用力捏之，若不合意许给别人由[1]可，劝君勿犯性躁，戒之。

鹌不过手

不过手者，不令己鹌轻过他人手把也，恐手不合适，致有惊恐出声之患，而且此事争场豪幸，恐阴受他人嫉妒，难保手指重捏暗伤，慎之慎之。

粪稀

人手心中有真火，鹌把过时则受此火毒，是以粪稀如水，当以白菜嫩叶饲之，或上上苦茶微饮，即解此病。

粪生虫

鹌粪中有活虫，袅袅动者，此食杂者也。当只以好谷饲之，勤把洗之，则

[1] 同"尤"。

无是病。

不鸣唤

鹌饮食如常，但不鸣唤，不驯熟之过也。洗时用华皮做一大哨，当顶鸣吹数声，鼓其窍，壮其胆，必然出声矣。

哨吹不鸣唤

凡生鹌不鸣唤，用哨吹洗尚[1]然不复出声者，再看鹌相，果有可取者，轻不可弃，再驯调之以观后效。此种鹌总由性大气冈[2]之故，若出声识斗，则无敌矣。

头缩

此因把时前指提头不高之病，可洗透复把。

尾后坐

立则后坐者，此后指重也，洗透复轻把之。

脚不立高

立不高者，把时脚不扯直，大指掌后压未紧故也，复洗重把之。

临时相阵法

临场之时，又要自己拿出一点想不到的机关，或斗时速或斗时迟，此系以大关头。若不识此理，不忆度热冷饿饱大小。侍[3]勇入场，则高明之论化为乌有。鹌能言我热我冷我饥我饱我小我身上不好？全在高明主者，用不书之心，

[1] 同"倘"。
[2] 同"刚"。
[3] 同"恃"。

用不书之神，方不愧大明公称号、将军主人。

意气凌云、走马斗鸡游侠之士，是所宜也。寒酸猥琐之人，与其不相吻合。

童仆解意

随从童仆皆善调把，亦养鹑之一大助也。

锦袋绣笼，养之具也。

精室晴窗，养之地也。

曲房暖阁，斗之地也。

重奖求贤

闻有上相名鹑，不惜重价求之，岂独名重四方，亦收贤人之用。此下斗鹑之品。

千金马骨

远求名鹑，虽已死伤，莫悔购价，四方闻名，称为疏财仗义，必得上相鹑至矣。

胜人勿骄

斗胜人鹑，自莫胡夸，恐众人恶之，并力觅鹑相较，致损我名。
此后有不测之患，不可不预告明公，免之为是。

己败勿怒

己鹑斗败，亦不过作耍而已，谨记勿怒形于色，方为有容之士，再选佳者，悉心重养何妨。

败鹌勿杀

有人见自鹌败者，辄然愤怒而揉摔踏裂之，此更不可。此因自己工夫失于调把，与鹌何与？而故杀之者，非仁人也。此等人终久不济，一生必无名鹌到手定矣。

肥鹌勿食

有人将下色鹌或败鹌养肥，以充口腹，此更仁心绝之忍人也。夫既养以用其力，又复杀之食其肉，必犯造物之忌，终身不遇名鹌。岂非独犯天和。

劣者即放

凡有下色劣鹌，不堪调把者，即放之飞去，任其遂生，切勿仍留养，或饿死或致误死，皆为养者之过犯。

败者犹饲

鹌已经败过，或仍养饲之，或养好纵之飞去皆可，切勿因其败减食致死，俱成罪过。

勿务多养

名鹌只可养一二头，中鹌或二三头，最善调把之人，止养得二头足矣。若务多养，不独工夫不周，即有失调之病。明公慎之慎之。

勿贪屡斗

好鹌勿贪勤斗，当养其力、蓄其气，以待大敌可也。勤斗力疲，以致熟狎，误输可惜，又当慎之。

勿接人斗

莫谓人鹌强我，更将别鹌接斗，何苦必败他鹌，其居心不好，此中有多少疑忌在内。

勿接斗人

莫谓己鹌强，更接人鹌斗之，当惜其力，妨有误输之悔。

因憎减食

有不如我意之鹌，不可短废其食，当即纵去，莫致伤命。

因爱责人

自爱佳鹌，或误为童仆惊触损坏，亦不可鞭责其人，当知贵人贱畜之义。后来必有好处。

羽毛涂毒

有人临斗时，将自鹌毛羽上涂椒辣毒物，使彼鹌含咬受毒即败，此非仁人君子所为。毒物魔术，当有恶报，神灵不爽。

手指暗伤

临斗时，有人假意为看鹌毛色，以手指掐捏或暗藏针刺我鹌，斗致输与彼者，此不仁之妄八旦也。总以翎毛不过手为是，凡斗鹌者当记之，记之。

藏勇杀弱

人有上色佳鹌，饰为委弱之状，斗杀中下之鹌，罪过尤大。

红批：此种奸心且多高明，忌之。

争败为胜

败为败，胜为胜，方为君子，临场争论，小人状也。

名鹌混斗

有名鹌，而屡屡与杂鹌混斗，非惟可惜，其人亦无知辈也。

勇健失调。

勇健佳鹌，不善调把，致令误坏，自堪痛惜。

发悔何及，莫若留心为要。

当场赖采

注采夺标，豪兴事也，若当场与人争论，恶俗小人，不堪之极。

争胜伤人

有人争胜负，以致两相詈骂殴打者，恶俗不堪。

卑鄙下贱，何苦耍鹌。

把调无倦

养者无惰心，当时刻调把之。

倘加以闲事分心，更又不必耍他。

斗养依时

依时养之，依时斗之，庶不失其法。

真令人仰之慕之。

养必依法

即前精室晴窗调把洗饲笼诸法。

斗必择地

即前曲房暖阁之斗地也。

近市喧哗。喧哗之处，则易惊鹌。

叠观杂沓。杂则易影鹌。

义气周贫

有贫穷人，借养鹌斗鹌以资生者，又当破格而周给之。

红批：此中又有多少受用。

仁心及物

即上不食、不伤、不杀、不荼毒之，真君子也。

黄白须要大，

黑红不可欺。

毛硬红老如火，

即是无敌将军。

擎空调打法

擎者即如初一日早晨斗胜回来，即以淡茶入谷五分饲之，喂毕入袋挂于净处，候至本日酉时则水食早已化完。即秤谷三钱饲之，食完三钱谷者，为擎起。鹑若能食，再喂谷五七分更妥，再多不可，恐致谷订不化之患。

擎起入白布亮袋内，候至初二，食将尽时常看约有食粮微许，即以浓茶令饮之，用先温后热浓茶洗之，洗透通身毛羽，再用滚热茶催洗，令鹑发热，喉内大扇，口张为止，即以细棉擦干，于无风处净坐把之，自然水油节次泻泄，俟毛羽把之干透，不可饲食半粒入亮袋内。

名曰空。听其自然，白油空泄。鹑原咬身重二两，空至一两九钱或空至一两八钱许，约内油空完即可快食五分，五分化完照常喂以平食。平食者，平素早晚两食也，自有秤准分数也，照常把喂。

名曰调。调者调把三日，初四初五初六，调把喂食的分数，把的工夫要复原二两之膘。膘对初七可以入场，此谓一转也。即如初一日斗毕，回来放水食以广润其嗉，酉刻擎起，初二日辰巳午之时擎食完。洗如法把干入袋内，空至初四未申酉之时，油净捷食，捷食化完即喂平食，把调三日即是初五六七三日也，复原膘初八日咬，此谓七天一转之数也。倘若初六原膘不足，再要初八总以膘对初九再咬。又何为不是一转也？以此推情用工，何患工夫不到，再加打的工夫。

何为打里？打者，每喂平食之日，五更初自然饲食十数粒，调之下堂粪，粪后令食谷五七粒，用手轻轻引打，教习轻身，训练身法，畅达腿足。久打使鹑少成习惯，临斗气不喘。

如鹑用重嘴咬手，即饲谷三五粒，缓其气，壮其雄心，豁其胆，如此再打，总以千斗为止。第二五更时，引打两千斗工夫，第三日再添打。如初七日咬，是日五更不引打，预为留力。天明上场，若以如此用工，即有上相之鹑，其奈我鹑而何。此谓密法，轻不与传。

此工犹然打毕，收起入袋内，我等少缓，亦存神气，片刻即入手把之一柱香时，或一香半，或两香。由君用之。入袋要在黎明前，不可使之天亮，此工如练兵法。习惯自然愈咬愈奇，愈久愈巧，临敌能耐长久，一不腿软，二不气喘，三来胆巨，四则灵秀，五则立高，六则能受，七则嘴狠，八则显功，九久他走，十遇十胜。此擎空调打之妙法也。不擎不饱终无大力，不空不去内油，不能发精神，不把不调，无工夫不耐长久，不打不练，不能做将军，此之谓也。

汉卿氏评

祈

高明同志者，裁改添补是谱，深望焉。

斗相

鹌咬要嘴真，嘴真轻浮不取，真而重，起毛代血。

鹌咬要嘴重，嘴重不真不取，重若真，他鹌难受。

193

金文锦《四生谱之鹌鹑论》

丁丑重刊维新堂梓

序

天下有众人共见之物，一遇赏识，声价不啻十倍，非物之能自贵也，其鉴真也。昔人有《相鹤经》，淮南宾客于石室中得之，传其小变、大变、变止、形定之说侈为美谈，可知羽族甚繁，而人间所爱玩者百不得一。今俗尚雅好鹌鹑，取其性驯而善斗，久与人习不待钩绦樊笼之拘束，或弄诸掌上，或纳诸囊中，任其自然，都成韵致。此虽微质，要与凡鸟不同。《记》曰："田鼠化为鴽。"田鼠有损于人，而化鴽则善变，人转爱玩之。高人逸士，有时煮茗、焚香、弹棋、酌酒，风花雪月之趣，鼓动生机，自兹豪兴有托，岂独遗一鹌鹑哉！虽然有好有丑，品类之不齐也，有弃有取，审择之必精也。余读《葩经》，诸所载鱼虫鸟兽颇详，每欲一一穷其情状，而素性尤喜鹌鹑，爱广辑旧闻，参以时论，汇成一编，以俟博物君子。供闲瑕之清鉴，助寂寞之笑谈，即以为得《相鹤经》之遗意也可。

时康熙乙未仲秋上浣，小庵偶书

畜驭法二十条

新鹑入手，须用温汤或茶卤先洗一次，以驯其性，以减其臕，务要洗得极透。当风日和暖之时，拳干为妙，或半干入囊，晒干亦可。若天气寒冷，须向火烘之。

生鹑晚间方喂食，灯下诱以谷子，饮以茶卤，涤其嗉内肥油。

随食即鸣者为上，拳三日始鸣者必是平常。然有六七日始鸣者，有见食不鸣，见鹑始鸣者，亦有始终不鸣而斗者，不可轻弃也。

洗后三日，如认食且鸣声哗，方可破嘴，亦必用新鹑斗二三十嘴，看其斗性何如，宜即隔开，再加提洗。

提洗旧用哨吹，不若口吹为妙。黄昏后临提，用水先湿鹑耳，饮茶水一二日。将鹑首纳入口中，高喊二三声，声宜细长，以翅张为度。有一声即张者，有三四声始张者，即入囊转之。挂暗处弗动，诘朝取出，顿觉改观，再提一日，自觉雄健矣。

凡拳不必夜以继日，更不可明日将斗而近日分外加功。拳持若久，必中伤洒涕，须要平日操演停当方妙。斗之前一日，止用播弄之功而已。

每日辰初食七分，要斗之前一日则巳未食五分，圈中不时播弄，以谷引逗，令其精神鼓舞。次早取出，拳少许时，下糖粪后，饲谷二三十粒。即便入囊，临斗中设谷一二十粒，见其食尽，抖毛扇翅，方可交锋。如不抖毛，断不可斗。

斗胜后食不可饱，必以半嗉为度，入囊复挂静处，不得放在鸣鹑一块。以斗后脸疼，鸣鹑咭之，恐日后胆怯多败。

每日食半嗉，即用手把之，待食归胸膛，方可纳入囊中。

食以红谷、黄谷为主，间食以青菜、牛肉亦可。

斗必五日为期。如非对手，不可轻斗，切弗因胜自恃，因败弃之。若看受伤处，以痂落皮老为度。

斗鹑争食，若认食不切，下圈必不能胜。

食多则生油，须用茶卤洗之。日晒则生油，须要风中冻之。最忌有油，有油则畏疼易败。如有膘而无油，此养驭之最善者。

鹑性各异，有亦肥亦瘦之不同，须顺其性而酌商之。

凡食谷必贵称重，五日之内，大食二次、小食三次、中食数次，酌量增减，令鹑认食欢切，未有不斗者。

黄昏后食太多，须多把一刻，令食消化入囊。如嗉内有食，则不必再喂。

嗉内无食，或食太少，当再食之。始免长夜饿伤之患。

平日畜驭，先以极弱鹑与之斗数嘴，以壮其胆，方喂以食。或以鹑皮包谷，令鹑咬破得谷，然后喂饱。或初以纸一层包谷，微露其谷，令鹑咬破喂之；次以绵纸三层包谷，令咬破喂之。如此则嘴必狠。

鹑极熟亦不可恃，凡斗时须用心防护，斗胜便当收起手中喂食，即入囊中。迟片刻再喂食亦可。不宜任其自在圈中，或一惊飞去也。

凡鹑筋骨六分、肉止四分为佳。盖筋胜则坚强，肉胜则易跌。故瘦者多胜，肥者多败。然不可令其太瘦，瘦则生怯矣。

饿斗饱不斗。以食少反有精神，食多反致懒怠也。

斗势

酣斗声最高，毛松两旁，上捌下撒；鏖斗目不旁视，逻翅钩尾，不疾不徐。此二种斗法，自能必胜。

若发嘴紧急，令对敌遽走，或接舌拿叹嘴，虽云见巧，究非大家数。至缩头缩声者，多是畏敌。斗胜跌出圈者，亦不可复斗也。

笼养法八条

用大葫芦解为瓢口，面六七寸者佳，五寸者亦可。用竹圈二个，与瓢口等，结线网于上，瓢旁开小孔，挂槽注水，葫芦中用沙二寸养之。

正月饮以甘葛汤，解酒毒也。二月食以猪首胰子，速解毛也。五月食以豆羹，坚其筋骨也。减食不令其饱，落其肥也。啖以蜘蛛、苍蝇、胡蜂子、牛粪中蛆，攻其毒，助其狠也。

夏月伏天，瓢内注水寸许，鹑立其中，自辰至未，取出用手轻轻揉搓，皱皮尽脱，如是者五六次，秋后与新鹑腿脚无异矣。

鴽本田鼠，食蚕月月气而化，亦食蚕月月色而死，故至蚕月当避月色。

鹌得秋气而强，食秋露而斗。故以线囊盛之挂中庭，使之吸月饮露而斗益狠。

斗三五百口者，至三年则不斗；斗六七百口者，至四年则不斗；斗千嘴者，六年老死方休。

新鹌件件要老，笼鹌件件要嫩，不可不知。

过四九得之者，饱风霜者也。先春月笼之者，知风霜者也。

出笼调驯法五条

凡笼鹌终岁喂养，内外肥油倍于在野，驭法较新鹌更难。须得半月之功，洗以茶卤，兼且饮之，令十分油净，再长原膘，乃可试斗。

出笼时，不可猛取。若猛取之，必然惊撞，伤损爪甲翎毛。法当前三日先减其食，不减其水。俟精神少疲，从容取出方可。

嘴角皱者，用温水洗透，浑身把干，将两脚用绵裹之，用线系之，放好醋内浸透为度。然后入囊过宿。次早去绵，用水洗净，皱鳞尽落。如不落尽，晚间仍照前法，不须三日与新鹌无异矣。

嘴用小刀或磁瓦细细刮之，自然尖嫩。三五日初发声，切不可与熟鹌相照。至十余日后，须以无用鹌试之。

笼中不得舒畅，或于圈中地下，常常拨弄，令其腿脚活动、筋骨舒展，方可小斗一遍、提洗一遍，如此至二十次之外，出战可无忧矣。

回法

回者，转败为胜也。初败用提洗法，当晚以酒米食至半嗉，拳尽再食半嗉，如鹌微醉，取温酒一盏，洗其头颈，哺气一口，以指滴酒于鼻嘴上三次，然后用水洗净，两耳旁各吹三哨，额下一哨，切忌当头吹之。俟浑身微润，即便用指深汤，连熨嗉下七次，微火烘干，入囊转之。挂樁中暗处。过宿食尽跳跃不止者为妙。次早取出拳把，五日小试一次，六日再试一次，七日再试一次可矣。

如再败者，滴酒九次，洗三次。若三回不斗，谓之"滑桶"，无用。

四要

一要刚强；二要力大；三要嘴快；四要磨耐。

四不斗

鸡鸣骨响，认食不切，闻叫不来，一嘴不复。

三贵相

一打二老三毛燥。

四大斗

凿眼、接舌、戳颡、拿叹。

色

紫属稀奇次皂黄，芦花竹节亦平常。若逢嫩白娇红色，斯为最下莫收藏。

紫为最上，皂黄次之，竹节、芦花又次之，嫩白、娇红最下，不取。

声

贵多洪亮贵清明，竹节纺车万选声。若是鸡雏真不斗，莫将疑似认啼鹰。

贵稠不贵结，贵洪不贵空。狠声、竹节声、纺车声，此是万中选一。鸡雏声不斗。又鸡声近鹰声，宜细审量之。败声即所谓溜子也。

头

色乌脑厚看分明，鹰燕虎蛇最有名。圆又大兮方又阔，一时尖小莫能争。

圆大方阔，色乌脑厚，鹰头、燕头、虎头、蛇头俱佳，尖小不取。

脸

白黑苍黄最要知，宽红紫凹自称奇。绒毡泼腮俱为美，嫩毛扁薄不相宜。

鼻后眼前眉下一段曰脸，脸要宽长凹陷，不宜窄短高鼓，毛以圆而不扁，如鹰眼前毧毛者为妙，色以红紫为上。土色芦花次之。又脸上叹下，白路一条，宜细宜长，必前接嘴跟，后通眼后。如全是紫红，上侵眉际，后接腮耳，并无叹上白路，号为泼腮，亦是上乘。白者名子母脸，一名惨脸。紫者名早秋脸，苍黄者名杂花脸，黑者名回回脸，俱佳。

眉

眉间黄白认分明，细秀弯长品不轻。若有一尾散乱处，纵然善斗也难赢。

眉自鼻后长起直至脑后，贵细秀弯长，不宜杂乱。白者要雪白，黄者要真黄。若前半雪白，后半真黄者为接白，皆是上品。其次重眉。另生两道宽如顶线，长与眉齐。更有前黄后白为老鸹，系隔年退净者。若以黄而白、似白而黄、接白不分明、重眉多杂乱，皆所不取。

冠

两鼻之上号为冠，锋如剑立是奇鹌。黑黄青白皆宜取，色赤锋平自不堪。

冠在鼻上，不论大小青白黄黑，只要高爽如剑锋者为佳。色最忌赤，峰最忌平。

鼻

孔小梁高乃见长，白而光润最为良。若除圆净青黎外，不数乾红及黑黄。

鼻梁要高，不宜臃肿，孔小如麦粒色而光润者为上，青黎圆净者次之，若枯干皱湿及红黑黄色不取。

嘴

三棱尖铲最称奇，蘸墨竹青也是宜。更有乳香圆混嘴，定为下品不须疑。

嘴黑如牛角，白如螺甸，三棱尖长者最为难得。或淡黄中有黑丝，豆青中有黑丝，或黄白豆青，前半黑色且弯尖三棱，均为上乘。至于乳香肉红糙青，即三棱尖长，亦所不取。圆混齐直，虽黄青黑色亦属无用。总之，嘴锋要与冠锋相接，绝无凹凸之迹渐弯至嘴尖，不要粗短并油滑也。

叹

不拘紫黑与深红，圆净分明自不同。散乱杂花长过耳，纵然养熟也无功。

叹紫黑者为上，红紫者次之，墨黑淡黄者所不取。其纹要整齐圆净，若细而望之欲断，或杂乱多尖，俱为不美。

耳小最灵，重耳难得。

眼

黑睛虽小有精神，清亮光芒欲照人。更看红黄金碧眼，总能圆厚迈常伦。

眼有金黄、酱色、鲜红、水黄、水红、真绿不等，这要清亮、黑如点漆，皮厚而圈小者为佳。至眼昏无宝色，睛散而不圆，与圆而皮薄者不取。

小而不大、藏而不露、赤如宝石者与应潮眼，均为奇格，若内有黑点在黄睛上，名斗子眼，千中选一也。金眼如鸡睛，绿眼淡碧色，斗虽狠，患不长耳。瞪睛眼亦狠，惟鼠眼最忌。

须

最宜开榨与绒长，红以涂朱白粉妆。毛色看来如一样，说他于嘴又何妨。

须要绒而不扁，长而不短，开榨而不贴肉。红者必如脂染，白者必如粉妆，纯紫微带白丝，纯黑有如皂角，总以毛色一样为妙，其杂而成缕者不取。

颈

如蛇如虎象须知，凤颈高长五采奇。若项如毡真下品，鸠头不斗定无疑。

项颈要长，项皮要松，项毛要稀，项骨要硬。如皮紧毛厚，是为毡项，与鸠头万无斗者。凤颈五彩高长，蛇颈亦长，虎颈粗短而力大，最为贵重。

颔

颔上无论竖与横，就中白色要分明。细如一线方称妙，须嗉交关界要清。

须中有竖颔，须下有横颔。竖颔忌黑忌大，忌与须异色，横颔要白紫色，上界须下界嗉，细而分明者为妙。

弦

直纹颔下却如弦，皂色还输紫色先。浓浊那堪清淡比，几条联络贵天然。

弦即颔下直条。紫色者最上，皂色次之。总之清而不浊、淡而不浓，纹能联络者为贵。

毡

皂如墨黑赤如朱，耳畔弯弓色不殊。如贯蒲膛沿锁口，咬来千嘴不曾输。

耳间弯曲向项者为毡，其名有朱毡、隐毡、玉矢、花蕊之类。如色黑而润者为雀毡，色黑而细如一线，仅至蒲膛上者为皂毡，又有线毡直贯蒲膛下锁口者，咬至千嘴。

嗉

诸般颜色莫轻抛，只要其中无杂毛。除却黄红白玉外，须看紫黑号葡萄。

自横颔至下膛皆嗉也。有红者、紫者、白如玉者，皆称奇品。次则淡黄、淡紫、粉白诸色。又各色嗉中，有紫黑毛羽数茎，名为葡萄嗉，亦是奇品。

凡毛羽虽喜大，然于横颔相接处最要洁净分明，如一道紫线，即并无紫线亦可。若相接处不分明、颔下多斑点，名为大嗉，实为大忌。

腿脚

大腿少肉小脚圆，指如竹节爪须尖。最宜葱白姜黄色，洁净分明是十全。

腿忌短，肉忌多，毛忌厚，色忌黎，腿毛少而短者为老鹑，狐狸毛者为皱腿。

脚以葱白、蜡黄、黑皱、长大干老粗硬方圆者为佳，血皮剑脊不取。掌中要有大疙瘩，爪要长三倍，若爪五色与纯黑者，最为少见。

边毛

若求上品要毛长，紫黑鲜红共老黄。绝少杂花前黑点，竖纹雪白不寻常。

色以深紫鲜红为上，紫黑老黄亦佳，总要无黄花黑点间杂其间，毛羽要长，中间竖纹要白。若毛短花杂，定然不斗。

翅

边翎长透最须知，定爱花纹是细微。更有超群人不识，虎皮膀子世间稀。

翅上大翎宜长，翎上花纹宜细而少，若无花者更妙。又有黑红金黄花者名为虎皮膀，绝狠。

撩风三条者佳，四条者寻常，独一条最奇。翅中有恶骨如豆大能击者，名鹊翅。白边翎、双白边翎，亦佳。惟翎毛短软者不取。

背

如鹤如龟品最高，紫黄皂白辨分毫。就中除却珍珠点，还数稀奇锦绣毛。

前接项后，后至尾前为背，毛羽取长不取短，取薄不取厚，取硬不取软，取整齐不取散碎。前半竖纹要细而长，后半横纹要细而少。若后半纯黑并无横纹，惟有红尖，名为皂背，亦是无敌。

毛色以皂为上，紫黄次之，芦白又次之。又有珍珠点、锦绣毛、鹤形、龟形田瓜样者，均为奇品。

胸腔

叠叠珠光紫色攒，上须下嗉在中间。看来曲曲形如月，不愧人称新月环。

洁白中有紫珠叠叠直至锁边者为美，太重不取。或紫须紫嗉，中露白蒲腔，曲曲如新月形，名为新月环，最是上品。

腹

满腹生来爱老黄，还看紫色暗中藏。若逢光白休珍养，去取从来要酌量。

老黄与暗紫均为上品，腹底光白最数无用，弃之可也。

尾

黑红毛色最为难，样喜弯长最好看。更少杂花生羽上，自成品格任君观。

毛色黑红者佳，淡黄不取。贵长而弯。忌大而直。如毛羽横拦花杂者不咬，钓散与尾椿骨大者，亦妙。

毛

头边如铁脸如毡，看到当身却贵单。若得绒毛遍体是，占用千亩也无难。

头毛如铁，不宜软嫩，脸毛如毡，不宜扁薄，身毛贵单不宜冗长，如浑身绒毛占田千亩，头毛绒占田百亩。

骨

头尾骨格大且阔，称之如石拳如铁，更看坚重复文秀，弗使其中有凹凸。

鹑品四十五种

丹凤头：凤头长颈，颜色五彩，鹑中王也，诸鹑见之辟易。

蟒蛇头：蟒头蛇颈，鹑中将也。

绒缨儿：色紫白为紫绒缨，皂白为黑绒缨，芦花白为白绒缨，浑身绒占田千亩，头毛绒占田百亩。

七寸紫：头脚高七寸，浑身紫色者是也。

玉铃铛：玉嘴玉脚。白脸白须，品毛正当紫嗉如铃儿样，又要白膛断弦者方是。

铁鹞子：黑嘴黑眼黑脚，皂毛紫叹，头如鹰头，爪如鹰爪，声如鹰声。

皂雕：黑头黑背。黑眼皂叹。脚有黑纹，登膛皆皂色。翅如鹘翅，头如鹰头，爪甲极其长大。

独翎雕：翅上有骨，圆大如豆，能击取胜，撩风翅止一根者是也。

满天星：满头及浑身俱有白点，其圆如珠。

癫白头：顶上不分中纹尽是白点，如癫雕形。

紫游圈：相甚高大。下圈时先飞周回，初斗三百飞游嘴，然后直斗千嘴。紫色者名紫游圈，皂色者名皂游圈。

白翎雕：白脸白须，满身芦花白毛。两边翅如雪白，或紫黑色，亦有一二披翎，一二撒尾者皆是。

玉绦环：项下白毛直接至尾，如玉环样。亦有别色如碧玉、翠玉者。

白鹤翎：毛色洁白，形如鹤形，头脚高大而长。

品毛棋脚：品毛正当顶中，脚上有棋子纹，或左九右一，左三右七者方是。

今人不论其所在，有一便称棋脚，失其真矣。

金莺儿：眉及登膛俱黄，满身皆老黄色。若暗色嫩黄者无用。

千声子：百鸣千声故名千声子。

三奇：三纹直透，顶有肉峰，千斗莫敌。

白燕子：头如燕头，额如燕额，其声从额中出，飞而能食。色白者名白燕子，黑者名铁燕子，紫者名紫燕子。

金鹏鸽：鹏鸽，即今所谓鹊也。鹑声令令，色老黄者为金鹏鸽，若紫色名紫鹏鸽，皂色名皂鹏鸽。

白鸽儿：其声唉唉，色如雪白，若皂色者名皂鸽儿。

珍珠鸽儿：身紫黑色，毛尖上有小白点如珍珠样。

金弹子：身圆如弹子，坚实凝重，色老黄者为金弹子，色黑者名为黑弹子。

海东青：身小眼赤嘴钩，毛苍黄色如海东青样，不可多得也。

毒火球：其身滚圆如球，其色赤红如火。

紫驼峰：紫眉上有血色毛数茎，竦起如驼峰者是。

赤虎头：颈粗短，色紫赤。

三品：鹑有白毛三片，各处生开者，名曰三品。当头一片为佛珠，三片联络者为三星赶月，若五片则为五星聚奎矣。

三异：凡鹑有三般异象者即为三异。

三圆：头圆、身圆、脚圆。

三尖：嘴尖、眼尖、爪尖。

双声子：鸣时双声齐出。

小金钩：眉黄色，身膛俱赤金色，嘴如钩样。

皂毡紫滴珠：皂毡必细如一线，紫滴珠非蒲膛锁也，必左膛下或右膛下有数点紫者方是。

芦花白：色白如芦花，鸣时声如节，斗无敌手。

竹节青：声如竹节，浑身青毛，与芦花白俱称劲敌。

紫燕头：头如紫头，满身紫色者名紫燕头，黑色者名黑燕头。

新月环：半环在额下，不贯耳，不接眉，紫须紫嗉，中露白膛，曲如新月，名新月环，又名半月环。

双环儿：两边翅毛或红或白，有如双环。

左右披翎：左翅上品毛名佩玉，右翅上品毛名拖枪，亦名带剑，即左右披翎也。又有左右背剑，左右铃铛，亦因品毛所在而名。

左右插花：眉上白毛，比浑身毛略大，有如插花样者方是。

紫袍玉带：浑身紫色，中间有白毛一带。

赤耳红腮：耳色赤如胭脂，腮色红如朱砂者方是。

黄眉紫嗉：眉细而弯长，其色如金，嗉毛纯紫毫无杂色。

乌头皂背：头毛黑色，背毛后半纯黑，并无横纹，惟有红尖者是也。

张成纲《鹌鹑谱》（残本）

乾隆五十九年（1794）手订

道光九年九月十有八日护国寺买

三十则

一曰神

万物之精华，周身之主宰。取以妙全体而备大用者也，故相鹌者必先鉴于此，神喜强壮不喜柔弱，喜安静不喜暴躁，必须瞻视如鹰，锋动昂健，松毛抖翅，旁若无人。譬如照乘之珠光，如追风之骥，驯习周身。

神藏不露最为豪，傍若无人气自骁。抖翅松毛身立稳，定知鏖战赛金雕。

二曰声

气之余也，勇怯于此分。然其声不一，最宜细办也。鸣贵乎柔，诈则不善斗，不可骤聆，其声贵乎悠扬，紧急则不耐斗，而慨许之也。声如竹节者宜佳。有受咬忍作作之声以为狠之声，不知此乃哭声也。若夫鸣雏声滴溜声则断不斗矣。然鹰声又与鸡声相似，识者以细变之。

柔韵尖声与细音，悠扬清亮总堪聆。独嫌鸡雏滴溜响，彷佛鹰声须细听。

三曰骨

一身之本，众体之所由附也。贵乎脑骨方阔、项骨粗硬、腿骨粗圆而且长，膀如鹅肩开撑，脊如龟背高耸，胸骨宜宽，胯骨以撬，腹骨前底，嗉至尾根硬而更长，前后斯配，上下均停，把之不成一物，称之倍重他鹌，是为贵相也，若骨轻而肉厚者，则下品矣。

肉少骨多坚似钢，一条腹骨硬还长。鹅颈龟背胸膛阔，腿大脖粗脑额方。

四曰筋

所以束骨也，若不强健则懈而无力。鹑之佳者，两翅如飞，壮二足有若登梯，把时腿足直伸，支撑有力，尤其筋强，故此力壮。

筋强束骨定然雄，两腿蹬梯在手中。翅数若飞知力壮，腿如铁硬建奇功。

五曰头

虎头燕额定称良将之才，物与人其相一也，况鹑为争斗之禽，头居一身之上，论相者安可不贵重之乎，必须平项方额头脑门宽，而脑后起楞，或扁宽而长，或圆而大者，皆上相也，李核、枣核而次之。若尖而小者为蒜头。方而无楞，后圆而前半高阔者，为鸠头，皆不斗也。

燕额虎头最为良，端的宽平阔又方。若是扁长圆又大，登场夺帜敢称强。

六曰冠

冠在两鼻之上，无论大小，亦不拘青黄黑白，喜高爽有锋直接嘴尖者佳，最嫌色赤忌锋平。

两鼻之上是为冠，高起如峰接嘴尖。黑白青黄俱不论，峰平赤色最堪嫌。

七曰顶线

顶线者，头上之分中纹也。其色则有红黄白黑，贵乎一线分明，整齐鲜亮，毛片尖而俱长者佳。

不拘赤白与青黄，惟喜鲜明尖又长。短乱模糊均不取，请君仔细再参详。

八曰顶毛

鸟者翎毛。识毛即可以识胆，何况顶毛冠居众毛之上，受敌之方，苟非形色俱优，焉能取胜乎。其形云，顶毛最喜薄而且长，脑后毛更要稀而且健。其色毛纯黑微有黄尖，并里黄花者是为乌头，品最上者。

闻道乌头品最奇，毛稀长健与薄须。黑黄相半寻常色，短厚青白总不宜。

九曰嘴

破阵催坚必资利器，披毛带血全仗嘴锋，故斗相中第一利器也。

破阵摧坚似嘴尖，如锥如铲更如钳。最嫌秃短无稍刃，色白如银品最先。

十曰鼻

鼻与头嘴相连，若不相称则其相败矣。鼻贵小而饱，白而润，梁圆而孔灰，其色如白小麦者佳，青色黑色而圆净者亦可，若低陷高鼓，血色黑点湿而孔大者，皆不取也。

丰隆洁净最相宜，白色如银世更稀。孔小梁圆形似麦，登场决胜不须疑。

十一眉

鹆之有眉，聚众毛之灵秀，为双睛之屏藩，关系非轻，择之诚不可不慎也。鼻后长起直至脑后皆眉也。故不必过粗亦何必太细，贵乎弯长整齐并不杂乱，白即雪白黄如金黄，接白前半雪白后半金黄，带三分杀气即上品也。眉上另生两道，宽若顶线长与眉齐谓之重眉，亦佳。

黄要如金白似霜，更须齐整与弯长。耸然一望多神异，杀气横生在两傍。

十二眼

周身用动在乎眼，一心之精神著于眼，岂独存乎？人者为然哉，相鹆者又莫重于此也。若人能相眼则都即在眼矣。其色红如宝石者最贵，黄如金色者亦美，柳黄酱色者则寻常矣。眼贵乎清亮，里睛小如点漆，久视愈眼小皮厚而圆小者为佳。更有绿眼、贵鬼眼亦需留意。绿眼者其色绿豆，俗名绿豆眼，鬼眼其珠碧色，转动不定，此二眼皆不肯斗，斗则必狠。

红如宝石多清亮，黄似真金色不淆。更喜双眉黑又小，绿珠鬼眼莫全抛。

十三耳

眉眼之傍为耳，嘴鼻之辅，不但数备五官，俱以分别灵蠢。

圈毛疏秀性自灵，还须孔小始超群。欠明欠亮瑜中疵，耳大毛多莫费心。

又曰：五官有耳系非轻，孔小毛疏性必灵。更要鲜明无绿色，请君于此细留情。

十四脸

五官之部位，四体之上流，其所系重矣。

凹陷宽长泼恶容，总来明净妙无穷。苍黄赤白皆宜老，不与眉额赤色同。

十五叹

即嘴之两纹也，形虽微细要相配合，无叹者最贵。

嘴叹应知即是腮，无拘长短要揸开。若教色拗舌眉脸，定向场中作将才。

十六须

闻之男士之怒，辙曰虎须倒竖，信乎，须为威风之毛也，鹌之斗相于此观焉，必须冗而且短，一色而开揸。

须贵开揸绒不长，红如脂染白如霜。倘然一色纯黑相，望去威风孰敢当。

十七舌

额下之痕也，即竖额是也。白而无痕者则名净额。

竖额原来即是舌，一圆色白净额别。若与脸叹眉额拗，咬遍群鹌称最杰。

十八额

即须下之横额，有紫白二色，最要分明。

额为横额接须生，紫白应如一线清。最忌模糊与间杂，定要界线甚分明。

十九颈

相有三停，头至颈上停，不但载五官之全，且用周身之立，鹌之能斗专持乎此。颈项要长，颈皮要松，颈毛若厚为优相矣。

颈骨从来品要良，必须粗硬与修长。皮松更得毛稀健，咬尽群鹌号铁枪。

二十嗉

效衡撞之力，受击刺之劳，其谓独当一面者也。必须要阔大，要毛紧而皮坚方能耐咬。

独当一面嗉称雄，毛紧皮苍甲胄横。紫色最佳白色异，须知皂色狠如鹰。

廿一胸

鹌之胸膛，上以称乎头项，下以称乎身腰，苟非长才，即累全体，故嗉底以至腿根皆胸膛也。胸前要阔厚宽平，膛下要坚硬骨大，两裆不窄，腹毛秀薄即为纯品，非是则劣也。

阔厚宽平骨气全，两裆不窄腹毛鲜。项粗头大身方称，撞敌冲锋谁敢先当。

廿二翅膀

翅者，所以夺羽翼之力，其相亦在所重矣。翅尖生者名撩风翅。

膀要开揸翅要长，硬如铁箭独称强。更宜细花黄金色，独一撩风不数常。

廿三背

虎背熊腰号为壮士。言乎其位，则为全体之栋梁，言乎其形，则为筋骨之大本。

脊梁高耸最奇哉，两胯还须揸又开。皂背自来称上色，识毛早已识雄才。

廿四翎毛

鸟之身上翎毛尤人之甲胄也，况鹌为斗禽，乘乾刚之气，按五行之色，羽毛虽微，岂无斗相乎？

毛色原来按五行，最宜长健与薄轻。青黄要老红如火，黑白双齐盖世名。

廿五边毛

周身之栏杆毛也。

毛片当要轻又稀，镶边白紫与红齐。惟嫌黑点黄花杂，嫩白轻红总不宜。

廿六尖

尖者具脱之姿，备五行之色，正不可以微末忽之，而谓无斗乎。

五色看来独贵红，黄如金色亦难逢。其余总要毛鲜亮，还要毫毛似笔锋。

廿七尾

自膀至尾不独配三停云中，且以观后劲之力。最宜短小而毛稀。

尾小毛稀散又弯，色兼紫黑最惟难。若还一片如白玉，奇相天生旷世观。

廿八大腿

大腿即胯也，如枣形者最佳。短小更要毛稀。

腿宜短小毛宜厚，黄白须教一色纯。惟有绿毛生胯上，登场夺帜勇绝伦。

廿九净腿

腿更至爪为下停，至若效先登之勇而砥柱之任也，则莫净腿也。

长大粗圆纹要苍，白如玉柱最为良。倘然形色都相反，说与君家莫入场。

三十爪

腿为砥柱，故称持载之功，爪具锋齿，尤善登场踢蹬之力。

指似竹节贵老苍，爪尖端的要钩长。掌心若有疙瘩起，百战成功足擅场。

相鹑法

丹山凤：长颈五彩，鹑中王也，鹑见皆避之。

七寸紫：浑身紫毛，头脚高七寸。

蟒蛇头：此鹑中宰也。

绒缨儿：紫红色为紫绒缨，皂白为黑绒缨，芦花白为花白绒缨，白头高脚者是也。

玉铃铛：玉脸白须，紫嗉如铃，白膛断弦方是也。

铁鹞子：嘴脚眼脸皆黑皂毛，脚如鹰爪者是也。

皂雕儿：乌头皂脚，嘴有黑纹，膛背皂色，鹰头黑眼，皂叹骨翅长爪。

撩风翅：翅上有骨，圆如大豆，名独翎雕，只一根是也。

满天星：头身皆白点。

癞白头：头无分中纹，皆是白点，如癞头雕形。

紫游盘：身大高，下圈飞乙圈回游盘，初斗二三百嘴后，只十余嘴取胜是也。

皂游盘：色带黑色如上斗。

白翎雕：脸须皆白，多芦花，边翅皆白，紫黑者一二翅。

玉绦环：项下有白圈毛如玉环者。亦有别色如圈环者，随其色名。

白鹤翎：色白其形如鹤，头脚俱高。

金莺儿：黄脊灯膛，身老者是黑色，黄嫩者非也。

千声子：遇斗鸣声。

三奇：三纹直冲，千斗莫敌。脚纹冲中指，顶分毛接胡羊线，颔下最优长，穿透脯膛过颡是为三奇。

白燕子：头如燕，嘴下颔如燕，声从颔出，飞而能食不系早秋。

五色莺：青毛朱顶，黄眉绿眼，嘴鼻如玉，紫颔皂呋，赤面银脚，身首修伟，彩色兼备，相不雷同，凤之亚也。

玉麒麟：身首修伟，通身毛羽全白如玉，世不常见，即见之亦不易得，殆神物也。

玉凤雏：自头至项毛色如玉，两膀翅翎全是白毛，尾毛灰色，类若芦花亦奇相也。

白顶鹰：顶毛一色纯如白玉。

拥白旄：尾上之毛，一色纯白。

珍珠背：背上毛尖皆白点。

白绒鹰：通身芦花白色，毛羽皆绒。

玉嗉：嗉毛洁白如玉。

珊瑚嗉：嗉毛如玉，洁白中有紫珠叠叠，又名紫滴珠。

带剑：左翅边毛一二根，通稍白色。

拖枪：右翅边翎一二根，通稍白色。

连珠顶：冠后白毛断续数根，若一根则名顶珠，又名玉顶顶。

连珠项：同上。

连珠背：同上。

花铃铛：嗉上白毛数根，若中间一根则名玉铃铛。

银海紫金梁：颔腹一片如银毛一线，红色者佳。

黑麒麟：纯黑真异相也。

黑玉蟾：扁毛宽顶，红眼白眉，长身腿，乌头皂背，又名虾蟆头。

生铁牛：把之不盈一握，称之倍重他鹑，毛如铁，筋骨坚，此最能以小服大。

铁弹子：毛黑身圆，体质坚实。

碧眼铁嘴：眼如白玉，小而清亮，铁嘴三棱，直纹起峰，若嘴半截黑，不入相。

灰鹰儿：上盖皆灰，下接皆皂，此系异相，又不可以寻常灰色论也。

白脸狼：白脸白眉方头长嘴黑叹红舌，腰腿长大，扁身青毛皆是。

青面兽：面阔兜凹，形状诡怪，青黑杂毛，短碎光秃。

青背雕：背毛青色。

金项鹰：颈毛金黄色。

金背雕：背毛金黄色。

火里烟：遍身红毛，顶线皂色，其线自头至尾根皂毛直贯，亦异相也。

素翅膀：二膀皆黑并无黄点，又名铁连环，一二根者不论。

海东青：身圆毛赤，其色苍润。

赤绒豹：杂毛长缕，颈毛则如赤凤，而身短小者方合。

紫绒鹰：遍身紫色，毛羽皆绒。

锦毛虎：通身毛羽赤锦色。

赤项鹰：颈毛赤色。

赤背雕：背毛赤色。

紫毛绿眼：满身紫，双睛碧色清亮者是也。

黄眉紫嗉：眉金黄，整齐弯长，嗉苍紫毛片不杂。

癞头鼋：顶无分中线，毛上尽是黑点。

乌头鹘：顶无分中线，顶上之毛纯黑如漆，并无黄尖。此方是真正乌头鹘，洵乃奇相也。

金井玉栏杆：嗉紫边毛白。

黑鹰头：头黑脸苍白眼毛，视物如鹰。

鹤顶珠：顶毛一线红色。

玉嘴：三楞尖长，根白尖黑，名点漆。

黑虬：髯须如墨。

五彩眉：眉攒五色，此异相。

重瞳：万中少一。

豆子眼：纯黑狠斗，亦罕见也。

朱砂眼

兔虎眼：眼如雀眼。

五色眼：大晴四傍五色。

绿耳狲：耳毛长绿，性最灵，专能以巧取胜。

青狮胯：腿毛如鸭头起亮。

猊甲：绿眼白眉，嘴鼻如玉，身草色白爪指长。

白玉柱：腿白如玉。

孤鹰攫：把时一足悬擎，一足直伸如鹰之立，又有爪指缩抵两腿直竖向后者，又名凤凰爪。

通臂猿：把时两腿擎起揉搓不定，又名猱玃。

五色爪：爪尖五色。

九莲灯：嘴爪俱黑。

黑鹰爪：爪指纯黑。

鹅掌：爪甲有皮相连如同鹅掌。

龟背：脊背骨高耸起，若绿眼者更为入相，名龟眼绿。

白龙尾：尾上一根白翎尖长。

青龙尾：黑毛生于尾上，长大光亮异于众毛。

金胯：两腿毛金黄色。

无敌将军：对膘足重四两者是也。

狮子球：头润足粗，毛参差卷折内有细绒。

金抹额：顶线老金黄如灯色。

珍珠翎：毛尖白点如珍珠。

金弹子：身圆金黄色。

毒火球：身圆赤苍。

红尖：尾尖上生红毛。

黄鹰眼：黄睛亮，双睛光射，前视而不散。

紫驼峰：眉上有血毛数根。

赤虎头：头大颈粗紫黑。

立楞：脚趾尖行。

黑鹰头：头黑，脸苍白。

金银滴珠：胸前红白点无数者是也。

三圆：头圆而嘴钩，身圆而尾钩，腿圆而骨粗。

十八奇：多年老鹑，足面尖鳞九个最为难得。

十四指：鹑有双足，上累累有十四指者奇。

两大：两脚俱大而腰身短小者。

小金钩：眉黄赤嘴金钩。

皂毡：皂毡如线，左右膛下三五九点者是也。

紫袍玉带：身毛紫栏杆白是也。

乌头：皂背无横纹纯黑色。

竹节青：身如竹节。

芦花白：身如芦花。

星月环：玉环不过耳，不接眉，半环额下如星月，上有紫嗦，中露白膛曲如星月。

双绦环：后指弯长。

背剑：背毛白色一根。

麻雀声：鸣时声细如麻雀。

雌雄雁：鸣时声如雁唳，高低相和，嘹呖悠扬，雌雄二雁彼此唱和。

双声子：鸣时两声齐出。

喂法

鹑之斗，食诱之也。争食则斗，故喂食之法为最要。肥则迟喂减其常数，瘦则水粟贴其膘，对膘之说，盖不肥不瘦，言乎其适中也。然生鹑之食无定数，熟鹑之食最宜均匀，有一日喂一次二次，各随其性耳。喂二次者早喂八分嗉，入袋跳过半嗉，取出把化看其化，食迟速，酌量再喂，以交二更食化为度，喂一次法同前。熟鹑喂粟皆有额数，但不可堆积而全与之，须以两指捏粟数粒，满圈引弄使其扑打衔抢，然后与之食。如数次喂完，不但食粟亲切，且可操练嘴脚。至于夜食固不宜多，早秋可有可无，至白唐则长夜天寒，生鹑似可不垫，熟鹑看其强弱，或垫五六分或二三分酌量，食完饮以茶卤，以免油生。次早五鼓把至天明，喂水粟二三十粒，下其糖粪，谓之透膛，则宿食全消，见食更亲，精神愈旺矣，此喂法也。

浣花逸士《鹌鹑谱全集》

续修四库全书—子部—谱录类

清道光五年（1825）和逊堂刻本

序

　　兵法云：兵贵神速。夫所谓神速者，非徒恃其勇也，必先有以驯其志气，养其精锐，而后百发百中，战无不胜也。是道也，予于鹑鸟得之。夫鹑也，日伏于草棘之中，夜集于沙丘之上，自以为无患，与人无争也，人亦安知其好斗哉。自世有斗鹑者，而鹑难逃于矰缴矣。虽然，鹑未可以遽言斗也，予性拙，甘于睢伏。友人送二鹑，状甚伟，装之绣袋，饲以谷粮，窃以为神骏矣，乃置于圈，闻声而惊，使之敌，弃甲而走。是岂鹑之不善哉？亦未有以驯之养之耳。未有以驯之养之而遽欲其战无不胜，是不教而杀也。则亦焉有不败者乎？然则斗鹑也，而用兵之道寓焉矣。尺圈之内犹之战场也，小固不可以敌大，弱固不可以敌强，夫人而如之矣。而小者或有时胜大弱者，或有时胜强，是又何道欤？则必有法以致之。顾求其法而不得。乙酉之冬，晴窗寂寞，富益齐过访谈，次袖中出自著《鹦鹑》谱一册。笑曰：荒于禽不足为外人道也。因挑灯披阅，不禁拍案曰：异哉！光怪陆离，伐毛洗髓，不惟用心甚细，而且格物入微。不惟知物理之深，而且悟世情之变。今而后，此谱一出，鹑之高下可以识矣。世之斗鹑者得其秘诀矣。夫鹑，其小焉者也，他日者益齐羽毛丰满，风翻扶摇将见凤翔乎，千仞鹤鸣于九皋，得以展其鸿飞之志也。又岂区区几乌所可并哉！是为叙。

　　　　　　　　　　乙酉年嘉平月朔旦　三韩保征远亭氏呵冻拜识

卷之一

鹑，田泽小鸟也。头小尾秃，羽色苍黑色无斑者为鹌鴽也，有斑者为鹑，即此二鸟，何得为一。鹑性醇，每处于畎亩之间，或芦苇之内，夜则群飞，昼则草伏，有常匹无常居，随地而安，故名鹌鹑，又名鹌鹑。庄子所谓圣人鹑居是矣。其行遇小草即旋避之亦，可谓鹑矣。宗奭曰：其卵初生谓之罗鹑，至秋初谓之早秋，中秋已后谓之白唐，一物四名也，盖变化多端，终以卵生为是矣。

论食

食五倍者佳，千嘴物也。食尽不分粟者佳，易饱而弄食者，不足取也，如鸭趋食者佳而少见焉。

论斗

先咬嘴尖眉细，后咬两耳毛稀，颈雄掌大始乃真奇也，如鸡脚鹰形不易得之。紫叹些些目双小，嘴尖骨重风霜老，顶平眉细项尖高，虎膀凤头鹏翅少。斗则刚柔不乱，庄重不忙，撞之不惊，对敌真切，或贴脸，或接舌，或嗛眼，或接叹，或穿耳穿腮，凿顶揭背，皆善斗也。

总论[1]。

夫养鹑者必认真拳把之，到拨弄之熟，方得便利。不然即是好鹌鹑，亦徒然耳。大抵鹑取大而不取小，取扁长而不取圆方，取筋骨而不取毛肉。若夫筋骨胜者，无论长大与扁，即小与圆亦属可观，即当首取。若夫毛色异胜者，无论小与圆，即长与大与扁方亦可足论矣。此鹑之性体不可不知也。再鹑之性情亦不可不论。有骨鸣者，有鸡鸣者，有静伏者，有撞袋者，有初把即鸣者，有熟见食而鸣者，此尤当察也。夫凡鹑先观头顶次观嘴叹，冠宜高耸，鼻要饱满，

[1] 修刻本作"鹌鹑论"。

顶要松长，尾要钩弯，要粗圆与硬，指要竹节，瓜爪长，眉眼分明，毛色真，五攒骨要方大，品始称完，可采纳也。倘我权衡一失，则识者讥之矣，必再四参详，数加斟酌，若犹豫而取之，是我察鉴之不明也，其孰尤乎。倘认之不真，但存节取之念，则毛肉而圆者亦可以幸进存矣。然不过博一时之玩，设遇劲敌即入败局矣，又何异焉。所以颠倒英雄自取其辱，非我其谁耶？有志于鹑者，当深玩味之。

相鹑法

与张成纲《鹌鹑谱》同，略

三十则

一曰神

神藏不露最为豪，傍若无人气自骁。抖翅松毛身立稳，定知鏖战赛金雕。

二曰声

柔韵尖声与细音，悠扬清亮总堪聆。独嫌鸡雏滴溜响，仿佛鹰声须细听。

三曰骨

肉少骨多坚似钢，一条业骨硬还长。鸢颈龟背胸膛阔，腿大脖粗脑额方。

四曰筋

筋强束骨定然雄，两腿蹬梯在手中。翅数若飞知力壮，腿如铁硬建奇功。

五曰头

燕颔虎头最为良，端的宽平阔又方。若是扁长圆又大，登场夺帜敢称强。

六曰冠

两鼻之上是为冠，高起如峰接嘴尖。黑白青黄俱不论，峰平赤色最堪嫌。

七曰顶线

不拘赤白与青黄，惟喜鲜明尖又长。短乱模糊均不取，请君仔细再参详。

八曰顶

闻道乌头品最奇，毛须薄健与长稀。黑黄相半寻常色，短厚青白总不宜。

九曰嘴

破阵摧坚似嘴尖，如锥如铲更如钳。最嫌秃短无稍刃，色白如银品最先。

十曰鼻

丰隆洁净最相宜，白色如银世更稀。孔小梁圆形似麦，登场决胜不须疑。

十一眉

黄要如金白似霜，更须齐整与弯长。耸然一望多神异，杀气横生在两傍。

十二眼

红如宝石多清亮，黄似真金色不淆。更喜双眉黑又小，绿珠鬼眼莫全抛。

十三耳

圈毛疏秀性自灵，还须孔小始超群。欠明欠亮瑜中疵，耳大毛多莫费心。

又曰

五官有耳系非轻，孔小毛疏性必灵。更要鲜明无绿色，请君于此细留情。

十四脸

凹陷宽长泼恶容，总来明净妙无穷。苍黄赤白皆宜老，不与眉额赤色同。

十五叹

嘴叹应知即是腮，无拘长短要揸开。若教色拗舌眉脸，定向场中作将才。

十六须

须贵开揸绒不长，红如脂染白如霜。倘然一色纯黑相，望去威风孰敢当。

十七舌

竖颔原来即是舌，一圆色白净颔别。若与脸叹眉颔拗，咬遍群鹑称最杰。

十八颔

颔为横颔接须生，紫白应如一线清。最忌模糊与间杂，定要界线甚分明。

十九颈

颈骨从来品要良，必须粗硬与修长。皮松更得毛稀健，咬尽群鹑号铁枪。

二十嗉

独当一面嗉称雄，毛紧皮苍甲胄横。紫色最佳白色异，须知皂色狠如鹰。

廿一胸

阔厚宽平骨气全，两裆不窄腹毛鲜。项粗头大身方称，撞敌冲锋谁敢先。

廿二翅膀

膀要开揸翅要长，硬如铁枪独称强。更宜细花黄金色，独一撩风不数常。

廿三背

脊梁高耸最奇哉，两胯还须揸又开。皂背自来称上色，识毛早已识雄才。

廿四身毛

毛色原来按五行，最宜长健与薄轻。青黄要老红如火，黑白双齐盖世名。

廿五边毛

毛片当要轻又稀，镶边白紫与红齐。惟嫌黑点黄花杂，嫩白轻红总不宜。

廿六尖

五色看来独贵红，黄如金色亦难逢。其余总要毛鲜亮，还要毫毛似笔锋。

廿七尾

尾小毛稀散又弯，色兼紫黑最惟难。若还一片如白玉，奇相天生旷世观。

廿八大腿

腿宜短小毛宜秀，黄白须教一色纯。惟有绿毛生胯上，登场夺帜勇绝伦。

廿九净腿

长大粗圆纹要苍，白如玉柱最为良。倘然形色都相反，说与君家莫入场。

三十爪

指似竹节贵老苍，爪尖端的要钩长。掌心但看疙瘩起，百战成功足擅场。

十八巧斗

黄鹰捉兔

飞起落敌背嗉之，敌方还口则又飞起，不须久斗即取胜矣，此巧而奇者也。

海青拿天鹅

身小灵敏，飞上大鹑头上嗛之，此巧而灵者也。

燕青巧拿

头伏敌翅腹下，咬其脚趾，或从后钻出，嗛敌头目，此巧而诡者也。

蝴蝶穿花

斗时两翅大张，下垂满圈扑咬目与首，此巧而异者也。

蟒蛇背战

此肩立定以项缠不肯放松，嘴嘴正嗛敌目，此巧而恶者也。

单鞭独马

对面相敌，忽转身横立，认定一边脸上狠狠咬敌即转身，仍复移步照前，此巧而毒者也。

丹凤点头

项高力强，低头向下嗛敌头目，此巧而强者也。

喜鹊登枝

咬紧项口不放松，用爪登敌之嗦，此巧而狠者也。

立马挥戈

脚不移动，嗛敌不能近身，嘴嘴着实，此巧而稳者也。

辕门射戟

对面相咬，用嘴接舌，拿叹或刺敌之颔下，此巧而捷者也。

螳螂捕蝉

形小力强，能借势用力以取胜，此巧而智者也。

金莺扑鹊

一见他鹑先猛力直撞，将敌撞倒，然后咬之，敌纵回口已先惊慌，此巧而勇者也。

鲤鱼跌子

咬紧不放，彼此跌打，此巧而泼者也。

狮子滚绣球

彼此强壮，满圈跌扑、滚打，此巧而悍者也。

二子争环

彼此接叹咬紧不放，此巧而忍也。

狡兔守窟

斗久力乏，伏敌翅腹下以歇其力，少歇又斗，此巧而谋者也。

夺锦穿杨

嘴嘴嗛眼，并不乱咬，此巧而准者也。

紫燕飞食

咬紧下颔，扼紧不放，此巧而横者也。

卷之二

总评歌

头勾尾勾咬死不休，头小脚小纵斗不好。

凤颈鹰头百战无忧，披翅撒尾可斗千嘴。

眼大眉粗十有九输，头大脚大咬死不怕。

身短脚长斗久更强，头长脚短斗久必懒。

顶毛硬长鸟头最良，耳毛疏秀性必灵透。

项粗毛稀鏖战不靡，脑后毛硬斗长最横。

嘴短须长一斗便伤，嘴长须短百战不转。

两肩开撑斗时堪夸，毛薄裆宽稳步如山。

鹰毛剑腿斗也不美，袋中常吟更有精神。

声如鹤叫骨力必妙，鸣若过狂必不耐长。

声音小细终成劲敌，昂健不惊傍若无人。

性情过烈一试便蹶，调弄功多斗时必泼。

将斗莫跳斗罢莫照，咬不净膛临敌有妨。

毛松翅批方可相斗，斗久毛松嘴不放空。

临斗毛紧斗必不稳，五日一咬伤痕方消。

接斗虽恶强弩之末，少照勤提操练精奇。

斗罢必洗再斗何虑，夜食过增须防油生。

食完不垫饿损可厌，夜食归膛方可入囊。

粟化半嗉即可把住，早晚用功二更五更。

对膘下粟不肥不瘦，最怕倒油毛根尽头。

摸之厚腻则嗉油生，体贴少疏前功尽弃。

把洗提玩耐心无间，神而明之因时制宜。

养鹑能事于斯毕而矣。

三停配搭歌

头至项根为上停，自膀至尾为中停，腿根到爪为下停，必要三停均方合相。

四要歌

一要刚强，二要嘴快，三要力大，四要磨耐。

五病

一粪稀

盖鹑性畏寒，若凉手把持或袋单薄，有此病，宜再微洗向火烘干，则寒自退矣。

二滴溜声

性喜暖畏寒，若热手把之，未免汗浸，忽持行于风地之中，则此声连唤不歇。是以手持袋装，敬宜温暖。

三头缩

因前指提头不高之故。故把鹑必须提起。若头缩兼以盹懒不鸣，或毛森无神非伤于哨，即伤于洗也。

四尾后坐

此因把时后指用力太重，非裆底受伤即腿根带病，方有此病，宜少歇松把，候愈再斗方妥。

五脚力不高

因把时不将两腿扯直，掌后未压紧之故，宜重新洗过，用心另把，自无此态矣。

十六不斗

人影惊飞	精神短少	生性未驯	身躯瘦弱	臕大有油
远来辛苦	带伤未愈	拳把过伤	粪稀带粟	天晚过时
遇敌不前	宿食未消	见食不亲	喂食过饱	受咬不还
麝香薰触	此皆不斗			

三十劣相

性急暴	声狂浊	头尖小	脸鼓窄	嘴秃短	眉飞杂
眼突大	晴浑散	鼻不净	骨肮响	鸡肮鸣	嗉肮杂
耳大圆	身轻小	指 短	身短削	须长杂	色 顺
项鬃厚	腿肉多	毛色灰	刨 食	腿短扁	身毛厚
腿红嫩	腹骨短	鹰毛腿	耳毛重	翅翎软	项骨软

卷之三

洗法

洗者，撒浮膘而去野性也。若膘性太大，早洗则油反入膛，先把干，三四日待其稍熟认食，则一洗即发矣。洗须用热水或兑入茶卤，通身洗透，将热水浇头以张口，发喘有声为度。洗定以薄布裹扎，用哨吹于脑后左右耳，每处三五声不可多鸣，恐其震死，不则亦呆鸣。哨既毕，或揣于怀内，或把于火上翎干，去布，灯下以粟诱其抢食，发声。新鹑以三日一洗为度。此洗法也。

喂法

鹑之斗，食诱之也。争食则斗，故喂食之法为最要。肥则迟喂减其常数，瘦则水粟贴其膘。对膘之说盖不肥不瘦，言乎其适中也。然生鹑之食无定数，熟鹑之食最宜均匀。有一日喂一次二次，各随其性耳，喂二次者早喂八分嗉，入袋跳过半嗉，取出把化，看其化食迟速，酌量再喂，以交二更食化为度，喂一次法同前。熟鹑喂粟皆有额数，但不可堆积而全与之，须以两指捏粟数粒，满圈引弄使其扑打嗉抢，然后与之食。如数次喂完，不但食粟亲切，且可操练嘴脚。至于夜食固不宜多，早秋可有可无，至白唐则长夜天寒，生鹑似可不垫，熟鹑看其强弱，或垫五六分或二三分酌量，食完饮以茶卤，以免油生。次早五鼓把至天明，喂水粟二三十粒，下其糖粪，谓之透膛，则宿食全消。见食更亲，精神愈旺矣。此喂法也。

227

把法

鹑必把而后熟，盖驯其性情而坚其皮骨也。把到五七日后，油气将净，欢性渐生，此时不可夜以继日把不下手，恐过于拳把，精神反淹淹不正矣。须用调弄之法令其筋骨活动，则身体庶几不板，至于手中有汗，最利把鹑，然有生熟之分，未可一概论也。生鹑初把，非大汗不能去其野性浮油。若斗过之鹑，筋骨早已着实，皮肉尽皆红赤，再加以非常之汗，则神气反受损伤，宜以微汗手把之，更宜两手相换，不可偏把，尤不可以有汗之鹑持向风地，以天气严寒最宜，把向火上，不但其性喜暖，且粟易消。此把法也。

调法

鹑固宜把，把不择手，则又不可，拘定一手是以当勤调之也。每日食将把完，用指拈粟数粒圈中引斗，或击其尾或拨其肩，令左右盘旋，随手而转，则精神鼓舞腿脚活动矣。调毕又把，把久又调，数次收入袋中，使其存醒歇息，或放于圈内，任其抖翅搜翎，间以他鹑勾之，以激其奋勇之气。然又不可常勾，恐狎熟反玩则不肯斗。此调法也。

斗法

先择佳品把过五七日，后可觅一新鹑，斗三五十嘴鹑即油净，其声自然欢矣。观其神势何如，即当隔开，仍前提携把调三日，再为小试嘴数，渐渐加减，若果然嘴狠、性耐，即大可敌矣。然其胆尚小，临斗之时，最忌物影摇动，疑为鹰隼，不待突败，且一败再不复振，殊可惜也。须置圈于静室，人影稍寂之地，先放粟数粒于圈中，食完之时各使松毛，然后齐放，用手两边拦住，待见闻声见面方才撒手，胜负即分。方撒粟收起，勿挂鸣鹑处，恐脸疼则其胆反怯，亦勿即与之食，稍迟顿饭方可喂之。斗过必洗，可细细检看伤处，先用棉花沾热水轻湿头面，然后洗其通身，把调依照前法，五日一咬为度，若伤重须俟痂落老成。此斗法也。

验膘法

油净则斗，膘大则生，性知之甚易而验之甚难。盖油多在项根，背上色如黄蜡，必把之全露红肉。或肉色已红而毛根油浮黄白影者，油尚未曾去净，此人所一望而知也。最难见而易忽莫辨者，无如嗉底之油，藉令揉之有声，摸之嗉厚，皆因食底不曾化净之故。虽咬之鹑亦难免无失，故畜鹑者必把化倒食为要诀焉。食化之后，摸之空嗉，少时又有三五粒粟，可入袋内令其跳跃，一茶之顷取出又把，必要细摸，如此两三次果然竭净，无余仍如前入袋再歇一刻，然后垫食无倒油之患矣。如已生倒油，只多把不垫，待其油去再垫可耳。总要时常视其背项无油，更要按其空嗉，揉之无格滞之声，摸之如层纸之薄，方为合适。此验膘法也。

配合法

鼻与脸不同色，叹须与脸不同色，嗉与眉不同色，小腿与身不同色，眼与毛不同色，总之忌顺而已。

空法

干空新鹑湿空笼，连空之时定非轻，更有一般真利害，一吹两空令皮红。

养法

斗回喂大食二日，空短三日，把四五日，均食六日。

回法

败后五日内，总勿与鸣鹑见面，恐胆怯。败后当晚即用提携法，先以酒拌粟喂其半嗉，把化净再喂半嗉，必然抖毛打跌。可取温淡酒一杯，用手探酒洗其头项，着实洗透，口汲鹑气一口，复以酒滴嘴三次、鼻三次，然后用温水通身洗遍。嗉下用指探汤，连浇七次，则项不缩退，两耳各三次，颔下三哨、脑后三哨，完把干，挂于柜中暗处，过宿食尽跳跃不止者妙。次早调弄如前法，七日小试，十日再试，过十日勇必倍之，若再败则无用矣。

附云：回之三日，精神抖擞羽松初，醉之得法也；眼不惊视，鸣不绝声，哨之得法也；头颈高扬翅松足健，汤之得法也；羽毛滋润性不急暴，烘之得法也；声音高亮，目不变神，入酒不骤也。

笼养法

笼鹑者，秋时咬胜之鹑也，畜之过夏则其咬更狠，果佳，方笼非谓笼者更佳也。笼之法，用椒木圈一个，宽约四寸，径过尺余，下安木底，口结细网，上加布顶，顶如荷包，抽口便于拿取，内放干沙寸许，养其脚爪不伤，挂食水二罐，又要安置得地，以防猫鼠咬。每日换水添食，临笼之时，觅一轻嘴败鹑斗三五十嘴，令其赶咬，以壮其胆，入笼剪其一翅，免致惊飞，此亦笼鹑之妙法也。

春初常以带泥沙土青草与之啄啸，仲春之后食以猪项内之猪胰，则脱毛甚快，至五六月食以捣碎之麦豆，则筋骨更坚。若害水眼则食以蚯蚓，凡鹑有病，食以土墙结茧为窝之小蜘蛛最效，六七月间喂以促织、蚂蚱、蜘蛛之类，则解毛速而斗性益狠。悬挂之所宜低近人，则喧哗习惯胆气自壮，伏中晓日初升，略晒片时即移挂凉处，伏中微雨令其微湿毛羽，遇十分酷暑，则喷凉水于沙内，听其滚刨，交中秋以后，时常向阳晒之，晴悬露天，雨挂檐下。盖鹑为斗禽，应秋肃而生，得金气而旺，必使之吸露月、雨洒、风吹、日晒、霜打，则筋骨老而斗性益强也。但不宜时拿手弄，恐新翎初长反迟，若养之得法，不过九月即出笼也。

出笼法

鹑将出笼必候其完全，宁在笼中多养几日待其脸毛丰厚方可耐斗。如笼内经过喂养，内外肥油倍于在野。初发声切勿与鸣鹑相试，虽极欢旺却不耐咬。每饲、把之余，放于圈中时常拨弄，令其腿翅活动，至十余日果然油净膘实，方可小试。必择柔善新鹑使其咬败赶打，以逞其志。斗一遍必提洗一遍，嘴数渐渐贪长，如此试斗三四遍，二十日之外可经大敌矣。新鹑件件要老，不老则不斗，笼鹑件件要嫩，不嫩则人嫌。如嘴脚尖老，可于洗透把干之后，将两腿用线裹札，放高醋内浸透，入旧袋过宿，次早取出去线，水洗则绉鳞尽脱，如不尽脱，晚间依法，不须三日，与新鹑无异矣。鹑不易笼，出笼尤宜珍重，必耐其脱全，择吉入白布袋内，洒以皮粟，五七日后方可上手。切忌早洗，洗早则油反入膛，终不饱食，再不复振矣。必俟半月后，果十分饱食，方可洗透，每遍以三日为度，或二十余日，或一月后看其活动，方可大敌矣。铁嘴豆腐脸用盐水汤洗，每日以指揉搓，久之脸老自然耐咬，若欲嘴尖利，用磁瓦细细刮修，自然利矣。

卷之四

凡例十二则

一鹑微物也，而其理则甚精，斗性各有不同，养法难拘一格，总要随时体贴细细第一，耐心次之。

一鹦取良才，必用功以持之，勿负此才也。

一鹑斗必圈宽大，则不至促尾跳出，人以为输也。

一畜鹑切勿贪多，虽善驭者一人不过二只，若调不均难免得此失彼矣。

一斗鹑必寻幽静之地，恐其惊飞，不无屈才之叹。

一临斗时，人鹑不可过手，恐彼败必生疑忌口舌。

一已鹑斗胜，当珍惜其才，不可接斗，恐有不测之虞。盖强弩之末，势不能穿鲁缟也。

一佳鹑不可轻付人手，恐疾妒之人暗生谋害。

一他鹑斗胜，亦不可以已鹑接斗，即胜伊以为二胜一也，亦不为奇。

一鹑正相斗，或用力太猛误跌出圈，断不可收回复斗，盖经一番跌拿，未免精神惊慌，鲜有不败者也。

一已鹑斗败，不可一概弃之，故宜用心回之以图后效。

一斗鹑游戏也，胜不色矜，负不色愠，君子于此观度量焉。

二十拗

一曰头拗

凤头五彩者佳。蛇头扁削；方头，两耳后起棱，眼上直削至嘴尖；圆头亦如方头，无耳后前眼之棱；燕头顶平后宽，前窄后高，自两耳后起棱中门并无凸凹也；枣核头，头形如枣核；鸠头不取。

二曰顶毛色拗

顶毛纯黑，微有黄尖并无黄花，是为乌头，再黄不掩黑纹，佳。他色皆下品也。

三曰顶线拗

顶线欲宽白，忌细短。

四曰眉拗

黄眉、白眉、接眉，半白半黄细秀弯长，粗乱不取。

五曰冠拗

鼻上有冠，无论他色，如剑锋者佳。

六曰鼻拗

白者佳宜，他色下品也。

七曰嘴拗

白骨白如螺钿者佳，三棱长而弯如鹰嘴佳，雀嘴如黑牛角，他色不足取也。

八曰叹拗

叹必须紫黑者佳，红紫必齐整圆洁，细而短小者佳。至如黑墨淡黄花麻叹、白叹、青叹、粉红叹、琉璃叹、锦叹，诸色叹名甚多，皆不足取者，若杂乱更无用也。夫叹喜长更喜宽，休教侵耳，及腮边杂乱与须断，重连不足观。叹之贵品不一，不可以例论也。若一眼察不至。则又负鹑。鹑第一嘴第二叹也。畜鹑者必当细察也。

九曰眼拗

红眼如朱砂宝石者佳。黄眼金睛佳，乌眼纯黑、绿眼不咬者多，咬则无敌。酱色应潮眼奇，大眼急性，混绿混黑突眼俱无用，但眼要清亮，眼皮厚而圆小者佳，眼干鼻润始为奇，鼻枯眼润终须懒。古来万物贵精。

十曰脸拗

鼻后眼前叹上白地一路曰脸，宜润长，必长接前嘴后连眼后，喜宽长凹红紫佳，窄土白色芦花次之，鼓扁毛俱不取。

十一须拗

须喜绒不喜扁，喜开炸不喜束抿，必其红似脂，白如粉，或紫带白丝，或绝白，或如皂，大抵毛色相同，一毛此色，必毛毛此色方妙。若须短自带微黄影者，老鹑也，若色杂成缕无用。

十二颔拗

项下有竖颔，须下有横颔，上界须下界嗉，横过要分明，如线者佳。横颔白色，嗉紫者方妙。不见竖颔者尤佳，竖颔忌黑忌大。

十三颈拗

颈要长，项皮要松，颈毛要稀，颈骨要粗硬乃佳。皮紧毛厚无用。

十四嗉拗

嗉即肵也，上有横颔下至裆皆嗉也。有红紫葡萄等嗉俱佳，其次淡黄淡紫粉白各色不同，虽是毛羽喜大，但横颔相接处最要洁净白如一线。紫者佳，若无者亦可。如相接处不明白，颔下多斑点，虽曰杂嗉实大忌。

十五腿拗

腿，小腿也，有葱白蜡黄雀方圆，皆可取。喜圆净健硬五攒骨，喜大分中纹，喜陷而老黑纹难得爪，喜长大而尖，掌心贵疙瘩，爪之五色者少见，爪有自然环佳，若扁薄色红，皮嫩剑脊诸形，皆不足取。

十六边毛拗

边毛即栏杆毛也，中间有白竖纹者。若极白极紫黄黑白等品，与毛齐并无赤根断，黑色相间方为上品，若毛短花杂不咬，亦有红嫩色黄若淡黄多雏鹑也。

十七翅拗

翅上毛羽宜长洁，上无杂花佳而少见，惟花愈细愈妙，若黑红金黄名花皮膀最佳，如白花者则不美，若翅上有骨豆大者佳，素翅更妙。

十八背拗

前接项后，后至尾前，俱皆脊背也。毛色不拘青黄紫皂红白等色皆可，喜厚喜软不喜硬，喜整不喜碎。前高后微平，愈老愈长愈妙，后半横纹愈细少妙，若后半纯黑无横纹，微有红尖是皂背，与乌头相等，若斗定勇而无敌。

十九尾拗

尾毛喜紫红者佳，淡黄者不美，喜长而弯，忌大直横，杂花不咬，与边毛同色者得矣。

二十尖拗

尾上肉珠曰尖，上有绒毛一攒，红紫者上，白亦佳。半灰半白名接尖，又次之。如尽灰黑则不取。

饲法

黄昏后如嗉内有食则多拳一时，食少再喂。若食太多则生油，食少则伤损，必须量夜以饲之。庶免长夜之饥，若用桶量戥称，不善喂鹑也。大抵五日之内二大食三小食，再均食，忽大忽小忽均，酌量增减，无有不斗者也。

四时捕鹑论

正二月捕荠花，三四月捕菜花，五六月捕麦查，七八月捕早秋，中秋后捕白唐雏。九月九白唐满也，此时毛羽完全，筋骨强健，皆老鹑。冬月得者，历受风霜，多有佳品。十二月捕雪花，以上皆论四时捕鹑之法也。

跋

吾儒有真性灵，禅家具大智慧。性慧云：何不粘滞无挂碍，周万物之中而能超乎其上也。子性固执，欲平矜释躁，而未能每遇一物一名辄往复参详，求其所以然之理，及体验之久，觉几事确有始终，微物亦具本末，虽骤见之为怪怪奇奇，然徐参之实原原本本。夫乃悟天下之细务，无不可以养性灵通智慧也。

乙酉冬闲居，无可排闷，检点败篋得《鹌鹑谱》一帙，论法甚善，而未能精详，因思世人之好此戏也久矣，往往得奇才而不能调驯，临大敌而不能从容，是重可惜也。爰是不揣固陋，参之臆见，稍加更订，纲举条目，分析缕定，以备参者，越旬日而告成。而且论其形体而格有不同，辨其性情而法无不当，充斯类也。由一物而推之万物，举几飞潜动植之殊趣，屈伸变化之会通，又何所不至哉。然则尺围之圈，鹑之界也，爪喙相击，鹑之斗也，数粒之谷互相争食，鹑之所为竭力而尽智也。观其斗狠相持，可以悟人情之攻取，观其奋声振羽，可以悟名誉之浮夸，观其胜者忽负，弱者忽强，则又可以悟世道之变迁无定。噫，人为万物之灵，奈何不于性命真实处求其大者远者，而乃于爱欲场中夸多斗靡，逐逐相争，几何不与鹑之等类而齐观耶。故予之订此谱亦将以观象者穷理，而以穷理者参禅，谁谓非偶然性灵智慧之所见端乎？倘曰玩物丧志也，则吾岂敢。

道光五年年岁在旃蒙作

参考文献

［1］白峰.斗蟋小史［M］.桂林：广西师范大学出版社，2017.

［2］白玉蟾.白玉蟾诗集新编［M］.北京：社会科学文献出版社，2013.

［3］北京大学古文献研究所.全宋诗［M］.北京：北京大学出版社，2004.

［4］笔记小说大观：第12册［M］.扬州：江苏广陵古籍刻印社，1995.

［5］蔡卞.毛诗名物解［M］.北京：商务印书馆，1983.

［6］曾祥波.杜诗考释［M］.上海：上海古籍出版社，2016.

［7］常国斌.两种野生鹌鹑与家鹑进化趋异水平的研究［D］.扬州：扬州大学，2004.

［8］陈邦彦.康熙御定历代题画诗：下卷［M］.北京：北京古籍出版社，1996.

［9］陈淏子.花镜［M］.北京：中华书局，1956.

［10］陈怀宇.动物与中古政治宗教秩序［M］.上海：上海古籍出版社，2012.

［11］陈琏.东莞历代著作丛书：琴轩集［M］.上海：上海古籍出版社，2011.

［12］陈耆卿.嘉定赤城志［M］.北京：中国文史出版社，2008.

［13］陈天嘉，任定成.中国古代至民国时期对蟋蟀行为的观察和认识［J］.自然科学史研究，2011，30（3）：345-356.

［14］陈衍.元诗纪事［M］.上海：上海古籍出版社，1987.

［15］陈耀东.寒山诗集版本研究［M］.北京：世界知识出版社，2007.

［16］陈永正.全粤诗：第3册［M］.广州：岭南美术出版社，2008.

［17］陈桢.金鱼家化史与品种形成的因素［J］.动物学报，1954（2）：89-116.

［18］成倩."朱雀"的形成及与"凤凰"的混淆［J］.学术探索，2014（9）：

133–136.

［19］程石邻.鹌谱［M］.汉卿氏点校本，1812.

［20］程石邻.鹌鹑谱［M］//张潮.昭代丛书.吴江：沈氏世楷堂刻本，1849.

［21］储仲君.刘长卿诗编年笺注［M］.北京：中华书局，1996.

［22］大清历朝实录［M］.北京：中华书局，1986.

［23］大学·中庸［M］.王国轩，注.北京：线装书局，2010.

［24］邓之诚.清诗纪事初编［M］.上海：上海古籍出版社，2012.

［25］董其昌.画禅室随笔［M］.杭州：浙江人民美术出版社，2016.

［26］杜斐.两宋“闲人”探究［D］.兰州：西北师范大学，2013.

［27］多隆阿.毛诗多识［M］.上海：上海古籍出版社，2003.

［28］尔雅［M］.上海：上海古籍出版社，2015.

［29］范成大.范石湖集［M］.上海：上海古籍出版社，2006.

［30］范处义.诗补传［M］.北京：商务印书馆，1983.

［31］冯复京.六家诗名物疏［M］.北京：商务印书馆，1983.

［32］冯梦龙.喻世明言［M］.辽宁：辽沈书社，1995.

［33］冯梦龙.醒世恒言［M］.天津：天津古籍出版社，2004.

［34］高德耀.斗鸡与中国文化［M］.张振军，孔旭荣，译.北京：中华书局，2005.

［35］高继珩.蝶阶外史［M］.扬州：江苏广陵古籍刻印社，1983.

［36］葛虚存.清代名人轶事［M］.北京：书目文献出版社，1994.

［37］郭郛，李约瑟，成庆泰.中国古代动物学史［M］.北京：科学出版社，1999.

［38］郭慧，王国平.魏晋南北朝斗鸡诗研究［J］.江西社会科学，2016，36（6）：94–99.

［39］郭璞.尔雅音图［M］.艺学轩影宋本，1801.

［40］郭璞，邢昺.尔雅注疏［M］.上海：上海古籍出版社，1990.

［41］郭蔷薇.蟋蟀罐及其娱玩心理探究［D］.济南：山东工艺美术学院，2016.

［42］韩丰聚，孙恒杰.题画诗选释：第4卷［M］.石家庄：河北美术出版社，2000.

［43］洪迈.夷坚志［M］.北京：中华书局，1981.

［44］胡司德.古代中国的动物与灵异［M］.蓝旭，译.南京：江苏人民出版社，2016.

［45］桓宽.盐铁论［M］.上海：上海人民出版社，1974.

［46］浣花逸士.鹌鹑谱全集［M］.和逊堂刻本，1825.

［47］黄健.明清时期斗鹌鹑风俗探析［J］.史志学刊，2016（2）：14-21，39.

［48］黄仲昭.未轩文集［M］.北京：商务印书馆，1983.

［49］基思·托马斯.人类与自然世界：1500—1800年间英国观念的变化［M］.宋丽丽，译.南京：译林出版社，2008.

［50］吉常宏.说“鹑衣”和“悬鹑”［J］.语文研究，1984（2）：34-37.

［51］贾似道.贾秋壑蟋蟀谱［M］.明奎章阁刻本.

［52］金埴.巾箱说［M］.北京：中华书局，1982.

［53］克利福德·格尔兹.文化的解释［M］.纳日碧力戈，译.上海：上海人民出版社，1999.

［54］孔文仲，孔武仲，孔平仲.清江三孔集［M］.济南：齐鲁书社，2002.

［55］孔颖达.礼记正义［M］.上海：上海古籍出版社，1990.

［56］孔颖达.毛诗正义［M］.上海：上海古籍出版社，1990.

［57］寇宗奭.本草衍义［M］.北京：人民卫生出版社，1990.

［58］李斗.扬州画舫录［M］.北京：中华书局，1960.

［59］李飞.中国古代林业文献述要［D］.北京：北京林业大学，2010.

［60］李贺.李贺诗集［M］.上海：上海古籍出版社，2015.

［61］李绿园.歧路灯［M］.北京：中国戏剧出版社，2000.

［62］李时珍.本草纲目校点本：第4册［M］.北京：人民卫生出版社，1981.

［63］李文实，李宝山，淡兰治.四皓之歌五百首：商山四皓历代诗文集注增补［M］.北京：作家出版社，2011.

［64］李渔.闲情偶寄［M］.杭州：浙江古籍出版社，2011.

［65］厉鹗.宋诗纪事［M］.上海：上海古籍出版社，1983.

［66］梁启超.中国历史研究法［M］.上海：上海人民出版社，2014.

［67］林弼.林登州集：外四种［M］.上海：上海古籍出版社，1991.

［68］林家骊.《诗·魏风·伐檀》中"鹑"当作"雕"解［J］.文学遗产，2002（1）：112-114.

［69］刘安.淮南子［M］.郑州：中州古籍出版社，2010.

［70］刘景春，陈桢.中国金鱼文化［M］.王世襄，辑.北京：生活·读书·新知三联书店，2008.

239

［71］刘崧.槎翁诗集［M］.北京：商务印书馆，1983.

［72］陆德明.经典释文［M］.上海：上海古籍出版社，2012.

［73］陆机.毛诗草木鸟兽虫鱼疏［M］.罗振玉，校.上海：上海聚珍仿宋印书局，1886（光绪十二年）.

［74］陆游.陆游全集［M］.北京：中国文史出版社，1999.

［75］逯钦立.先秦汉晋南北朝诗：魏诗卷10［M］.北京：中华书局，1983.

［76］罗愿.尔雅翼［M］.合肥：黄山书社，1991.

［77］毛奇龄.续诗传鸟名［M］.北京：中华书局，1991.

［78］梅尧臣.梅尧臣集编年校注［M］.上海：上海古籍出版社，2006.

［79］孟元老.东京梦华录［M］.郑州：中州古籍出版社，2010.

［80］孟子.孟子［M］.北京：中华书局，2006.

［81］耐得翁.都城纪胜［M］.北京：商务印书馆，1983.

［82］南京大学中国语言文学系《全清词》编纂研究室.

［83］潘荣陛.帝京岁时纪胜［M］.北京：北京古籍出版社，1981.

［84］潘天波.齐尔塞尔论题在晚明：学者与工匠的互动［J］.民族艺术，2017（6）：43-50.

［85］皮埃尔·阿多.伊西斯的面纱：自然的观念史随笔［M］.上海：华东师范大学出版社，2015.

［86］皮锡瑞.经学历史［M］.北京：中华书局，2012.

［87］蒲松龄.聊斋志异［M］.济南：齐鲁书社，1995.

［88］钱谦益.列朝诗集［M］.北京：中华书局，2007.

［89］钱泳.履园丛话［M］.上海：上海古籍出版社，2012.

［90］钱锺书.宋诗纪事补正［M］.沈阳：辽宁人民出版社，2003.

［91］黔东南苗族侗族自治州地方志办公室.黔东南斗牛文化志［M］.北京：光明日报出版社，2017.

［92］乔文博.宜阳古代诗歌选［M］.郑州：中州古籍出版社，2007.

［93］钦定大清会典则例［M］.北京：商务印书馆，1983.

［94］秦观.秦观集［M］.太原：山西古籍出版社，2004.

［95］屈大均.广东新语［M］.北京：中华书局，1997.

［96］屈大均.广东新语注［M］.广州：广东人民出版社，1991.

［97］屈原.楚辞［M］.刘向，辑.上海：上海古籍出版社，2015.

［98］全唐诗［M］.上海：上海古籍出版社，1986.

［99］上海师范大学古籍整理研究所.全宋笔记第5编［M］.郑州：大象出版社，2012.

［100］沈乃文.明别集丛刊第三辑第28册：西村诗集［M］.合肥：黄山书社，2016.

［101］四川大学古籍所.宋集珍本丛刊第108册［M］.北京：线装书局，

2004.

［102］宋东亮，李嘉，索勋．鹌鹑的种类、分布、特征及价值［J］．安徽农业科学，2008，36（34）：15010-15012.

［103］宋荦，刘廷玑．筠廊偶笔二笔·在园杂志［M］．上海：上海古籍出版社，2012.

［104］孙建军，陈彦田．全唐诗选注［M］．北京：线装书局，2002.

［105］唐慎微．重修政和经史证类备用本草［M］．北京：人民卫生出版社，1982.

［106］脱脱．金史［M］．北京：中华书局，1975.

［107］脱脱．宋史［M］．北京：中华书局，2000.

［108］汪子春．稀世抄本《鸡谱》初步研究［J］．科学通报，1985（15）：1186-1188.

［109］汪子春．《鸡谱》论鸡的疾病和防治:《鸡谱》研究（三）［J］．农业考古，1986（2）：283-289，294.

［110］汪子春．《鸡谱》中关于鸡之饲养管理技术:《鸡谱》研究（二）［J］．农业考古，1986（1）：391-395.

［111］汪子春．鸡谱校释：斗鸡的饲养管理［M］．北京：农业出版社，1989.

［112］王风扬．宋人动物饲养与休闲生活［D］．上海：华东师范大学，2014.

［113］王国平．西湖文献集成：宋代史志西湖文献［M］．杭州：杭州出版社，2004.

［114］王赛时．古代的斗鹌鹑［J］．文史杂志，1999（4）：62-63.

［115］王世襄．北京鸽哨［M］．北京：生活·读书·新知三联书店，1989.

［116］王世襄．蟋蟀谱集成［M］．北京：生活·读书·新知三联书店，2015.

［117］王灼．王灼集校辑［M］．刘遇安，胡传淮，辑．成都：巴蜀书社，

1996.

［118］巫仁恕．优游坊厢：明清江南城市的休闲消费与空间变迁［M］．北京：中华书局，2017.

［119］吴承恩．西游记［M］．北京：华夏出版社，1987.

［120］吴澄．吴文正集：附录1卷［M］．北京：商务印书馆，1983.

［121］吴格，眭骏．续修四库全书总目提要［M］．北京：国家图书馆出版社，2010.

［122］吴自牧．梦粱录［M］．杭州：浙江人民出版社，1980.

［123］吴之振．宋诗钞［M］．北京：中华书局，1986.

［124］夏纬瑛．夏小正经文校释［M］．北京：农业出版社，1981.

［125］向明月．斗鸭与斗鹌鹑［J］．文史杂志，1994（1）：43.

［126］肖克之．农业古籍版本丛谈［M］．北京：中国农业出版社，2007.

［127］小尾郊一．中国文学中所表现的自然与自然观［M］．邵毅平，译．上海：上海古籍出版社，1989.

［128］谢成侠．中国鹌鹑的考证及其展望［J］．家禽，1985（1）：25-27.

［129］谢三秀．雪鸿堂诗搜逸：青城山人集［M］．兰州：兰州大学出版社，1900.

［130］谢肇淛．五杂俎［M］．北京：中央书店，1935.

［131］徐传武．说"鹑火"［J］．文献，1991（4）：49.

［132］徐珂．清稗类钞［M］．北京：中华书局，1986.

［133］徐世昌．晚清簃诗汇［M］．北京：中华书局，1990.

［134］许谦．诗集传名物钞［M］．北京：中华书局，1985.

［135］徐征，张月中，张圣洁，等．全元曲：第9卷［M］．石家庄：河北教育出版社，1998.

［136］许啸天．明宫十六朝演义［M］．上海：上海科学技术文献出版社，2010.

［137］薛爱华.朱雀：唐代的南方意象［M］.北京：生活·读书·新知三联书店，2014.

［138］荀子.荀子校释［M］.王天海，释.上海：上海古籍出版社，2016.

［139］严可均.全汉文［M］.北京：商务印书馆，1999.

［140］扬·阿斯曼.文化记忆：早期高级文化中的文字、回忆和政治身份［M］.金寿福，黄晓晨，译.北京：北京大学出版社，2015.

［141］杨伯峻，论语译注［M］.合肥：黄山书社，1991.

［142］杨亿.杨文公谈苑［M］.上海：上海古籍出版社，1993.

［143］姚炳.诗识名解［M］.北京：商务印书馆，1983.

［144］姚舜牧.重订诗经疑问［M］.北京：商务印书馆，1983.

［145］姚伟钧，刘朴兵，鞠明库.中国饮食典籍史［M］.上海：上海古籍出版社，2012.

［146］饮食起居编［M］.上海：上海古籍出版社，1993.

［147］庾信.庾子山集注［M］.北京：中华书局，1980.

［148］元好问.续夷坚志［M］.北京：中华书局，2006.

［149］臧晋叔.元曲选［M］.北京：中华书局，1989.

［150］张成纲.鹌鹑谱［M］.手订本，1794.

［151］张次仲.待轩诗记［M］.北京：商务印书馆，1983.

［152］张帆.陈石麟与《鹌鹑谱》［J］.农业考古，1991（3）：346.

［153］张弘仁.鹌鹑谱［M］.手抄本.

［154］张耒.张耒集［M］.北京：中华书局，1990.

［155］张孝祥.张孝祥诗文集［M］.合肥：黄山书社，2001.

［156］张兆，李建疆.中西方斗鸡文化分析［J］.体育文化导刊，2014（9）：68-71.

［157］章辉.南宋休闲文化及其美学意义［D］.杭州：浙江大学，2013.

［158］赵强."物"的崛起：晚明的生活时尚与审美风会［D］.长春：东北

师范大学，2013.

［159］浙江省地方志编纂委员会.浙江通志［M］.北京：中华书局，2001.

［160］浙江省地方志编纂委员会.宋元浙江方志集成：第8册［M］.杭州：杭州出版社，2009.

［161］郑光美.鸟类学：第2版［M］.北京：北京师范大学出版社，2012.

［162］中国科学院中国动物志编辑委员会.中国动物志：鸟纲第四卷鸡形目［M］.北京：科学出版社，1978.

［163］钟敬文.钟敬文民俗学论集［M］.合肥：安徽教育出版社，2010.

［164］周密.武林旧事［M］.北京：商务印书馆，1983.

［165］朱纪.雕艺风物四题（上）［J］.收藏界，2011（4）：107–109.

［166］朱谋㙔.诗故［M］.北京：商务印书馆，1983.

［167］朱橚.普济方［M］.北京：人民卫生出版社，1983.

［168］朱熹.朱熹集注：诗集传［M］.北京：中华书局，1958.

［169］朱翌.灊山集：补遗附录［M］.北京：中华书局，1985.

［170］庄子.庄子［M］.北京：中华书局，2010.

［171］邹树文.中国昆虫学史［M］.北京：科学出版社，1981.

［172］Geertz，Clifford. The Interpretation of Cultures［M］.London：Hutchinson，1975.

［173］Schafer，Edward H. The Vermilion Bird［M］.California：University of California Press，1985.

［174］Sterckx，Roel. The Animal and the Daemon in Early China［M］.Albany：State University of New York Press，2002.

图书在版编目（CIP）数据

鹑之奔奔：中国古代鹌鹑文化史 / 冷玥著 .
南宁：广西科学技术出版社，2025. 6. --ISBN 978-7
-5551-2373-6

Ⅰ . S837-05

中国国家版本馆 CIP 数据核字第 2025KF2542 号

CHUN ZHI BEN BEN——ZHONGGUO GUDAI ANCHUN WENHUA SHI

鹑之奔奔——中国古代鹌鹑文化史

冷 玥 著

策　　划：黄敏娴		责任编辑：安丽燊　冯雨云	
责任校对：郑松慧		营销编辑：刘珈沂	
封面设计：陈　凌　梁　良		责任印制：陆　弟	
版式设计：璞　间			

出 版 人：岑　刚　　　　　　　　　出版发行：广西科学技术出版社

社　　址：广西南宁市东葛路66号　　邮政编码：530023

网　　址：http://www.gxkjs.com　　电　　话：0771-5827326

经　　销：全国各地新华书店

印　　刷：广西民族印刷包装集团有限公司

开　　本：787mm×1092mm　1/16　　印　　张：16

字　　数：223千字

版　　次：2025年6月第1版

印　　次：2025年6月第1次印刷

书　　号：ISBN 978-7-5551-2373-6

定　　价：116.00元